全彩版

尘 土◎编

SHENQI DE DIANZI SHIJIE

神奇的电子世界

甘肃科学技术出版社

图书在版编目（CIP）数据

神奇的电子世界 / 尘土编 . —兰州 : 甘肃科学技术出版社，2013.4

　　（青少年科学探索第一读物）

　　ISBN 978-7-5424-1802-9

　　Ⅰ . ①神… Ⅱ . ①尘… Ⅲ . ①电子技术—青年读物②电子技术—少年读物Ⅳ . ① TN-49

　　中国版本图书馆 CIP 数据核字 (2013) 第 067282 号

责任编辑	陈　槟（0931-8773230）	
封面设计	晴晨工作室	
出版发行	甘肃科学技术出版社（兰州市读者大道 568 号　0931-8773237）	
印　　刷	北京中振源印务有限公司	
开　　本	700mm×1000mm　1/16	
印　　张	10	
字　　数	153 千	
版　　次	2014 年 10 月第 1 版　2014 年 10 月第 2 次印刷	
印　　数	1～3000	
书　　号	ISBN 978-7-5424-1802-9	
定　　价	29.80 元	

前　言

　　科学技术是人类文明的标志。每个时代都有自己的新科技，从火药的发明，到指南针的传播，从古代火药兵器的出现，到现代武器在战场上的大展神威，科技的发展使得人类社会飞速的向前发展。虽然随着时光流逝，过去的一些新科技已经略显陈旧，甚至在当代人看来，这些新科技已经变得很落伍，但是，它们在那个时代所做出的贡献也是不可磨灭的。

　　从古至今，人类社会发展和进步，一直都是伴随着科学技术的进步而向前发展的。现代科技的飞速发展，更是为社会生产力发展和人类的文明开辟了更加广阔的空间，科技的进步有力地推动了经济和社会的发展。事实证明，新科技的出现及其产业化发展已经成为当代社会发展的主要动力。阅读一些科普知识，可以拓宽视野、启迪心智、树立志向，对青少年健康成长起到积极向上的引导作用。青少年时期是最具可塑性的时期，让青少年朋友们在这一时期了解一些成长中必备的科学知识和原理是十分必要的，这关乎他们今后的健康成长。

　　科技无处不在，它渗透在生活中的每个领域，从衣食住行，到军事航天。现代科学技术的进步和普及，为人类提供了像广播、电视、电影、录像、网络等传播思想文化的新手段，使精神文明建设有了新的载体。同时，它对于丰富人们的精神生活，更新人们的思想观念，破除迷信等具有重要意义。

　　现代的新科技作为沟通现实与未来的使者，帮助人们不断拓展发展的空间，让人们走向更具活力的新世界。本丛书旨在：让青少年学生在成长中学科学、懂科学、用科学，激发青少年的求知欲，破解在成长中遇到的种种难题，让青少年尽早接触到一些必需的自然科学知识、经济知识、心理学知识等诸多方面。为他们提供人生导航、科学指点等，让他们在轻松阅读中叩开绚烂人生的大门，对于培养青少年的探索钻研精神必将有很大的帮助。

科技不仅为人类创造了巨大的物质财富，更为人类创造了丰厚的精神财富。科技的发展及其创造力，一定还能为人类文明做出更大的贡献。本书针对人类生活、社会发展、文明传承等各个方面有重要影响的科普知识进行了详细的介绍，读者可以通过本书对它们进行简单了解，并通过这些了解，进一步体会到人类不竭而伟大的智慧，并能让自己开启一扇创新和探索的大门，让自己的人生站得更高、走得更远。

本书融技术性、知识性和趣味性于一体，在对科学知识详细介绍的同时，我们还加入了有关它们的发展历程，希望通过对这些趣味知识的了解可以激发读者的学习兴趣和探索精神，从而也能让读者在全面、系统、及时、准确地了解世界的现状及未来发展的同时，让读者爱上科学。

为了使读者能有一个更直观、清晰的阅读体验，本书精选了大量的精美图片作为文字的补充，让读者能够得到一个愉快的阅读体验。本丛书是为广大科学爱好者精心打造的一份厚礼，也是为青少年提供的一套精美的新时代科普拓展读物，是青少年不可多得的一座科普知识馆！

目　录 contents

目录

CONTENTS

第四章　电脑与网络安全

目录

CONTENTS

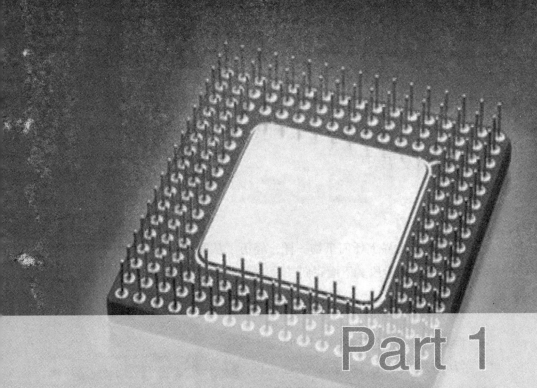

Part 1
认识电脑

一般来说，电脑的发展大致经历了以下三个阶段：

大型主机阶段

20世纪40-50年代，是第一代电子管计算机。经历了电子管数字计算机、晶体管数字计算机、集成电路数字计算机和大规模集成电路数字计算机的发展历程，计算机技术逐渐走向成熟；

小型计算机阶段

20世纪60-70年代，是对大型主机进行的第一次"缩小化"，可以满足中小企业事业单位的信息处理要求，成本较低，价格可被接受；

微型计算机阶段

20世纪70-80年代，是对大型主机进行的第二次"缩小化"，1976年美国苹果公司成立，1977年就推出了AppleII计算机，大获成功。

神奇的电子世界

电脑发展史

计算机和世界上任何事物一样，经历了从简单到复杂、由单一功能到多种功能的发展阶段。下面我们来看一下计算机发展历史的各个阶段。

第一代计算机

世界上第一台电子数字计算机（图1）称为"ENIAC"（Electronic Numerical Integrator and Calculator）。它是1946年美国宾西法尼亚大学研制成功的。这台计算机使用了18 800多个电子管（图2）、1500余个继电器，重130余吨，占地面积达170平方米，每小时耗电约150千瓦，但运算速度仅为5 000次/秒。还配备了一台重30吨的冷却装置。它真是一个庞然大物，但这台计算机预示着信息时代的开始，它就是计算机的鼻祖，也是世界上第一代计算机。

图1

图2

在研制ENIAC的过程中，世界著名数学家冯·诺伊曼针对它在存储程序方面存在的致命弱点提出了全新的存储程序的通用计算机方案，这就是EDVAC。在两个方面进行了关键性改进：一是把计算机要执行的指令和要处理的数据都采用二进制数表示；二是把要执行的指令和要处理的数据按照顺序编成程序存储到计算机内部让它自动执行。这就解决了程序的"内部存储"和"自动执行"两大难题。从而大大提高了计算机的运算速度（相当于 ENIAC 的 240 倍）。这就是人类第一台使用二进制和存储程序的计算机。这种计算机是由计算器、逻辑控制装置、存储器、输出和输入装置五个部分组成的。半个世纪后，今天的计算机的基本体系结构和基本操作机制大都仍然沿袭冯·诺伊曼最初的构思和设计。

电子管为逻辑元件，磁芯是存储器元件，磁带作外存储器。运算速度为：数千次 / 秒——几万次 / 秒。无系统软件，只有机器语言（用二进制数码编写程序）和汇编语言程序（利用字母、数字和符号编写程序）。

由于计算机的速度慢、可靠性差、体积大、功耗大、价格昂贵，且使用极不普遍，所以，其只用于科学计算。如我国第一台大型电子管计算机 104 机就是第一代电子管计算机。

第二代计算机

半导体技术的迅速发展、晶体管（图 3）的出现为计算机的发展带来了机遇。在计算机中，晶体管取代了电子管作为逻辑元件，存储器也采用了快速小型磁芯存储元件，此时，计算机用磁鼓和磁盘机作外存储器，在容量和速度上都有了很大提高。输入输出设备也有了很大的改观。

图 3

这时的计算机运算速度为几十万~几百万次 / 秒。并开始有了操作系统的概念，算法语言和编译系统也有了较大提高，还出现了高级语言，如：FROTRAN、COBOL、ALGOL—60 等。

由于计算机的速度有了很大提高、体积大大减少、功耗大为降低、可靠性有了明显提高、价格的下降，因而计算机的应用范围也扩大到数据处理、事务管理和自动控制等。

神奇的电子世界

第三代计算机

这一时期集成电路（图4）有了很大的发展，集成电路是通过半导体集成技术将许多半导体逻辑电路集中在几平方毫米大的硅片上。每一个集成电路可以完成一组逻辑功能，根据集成度的不同可分为小规模、中规模、大规模、超大规模等集成电路。这一时期采用中小规模集成电路（SSI、MSI）作为计算机的逻辑元件，内部存储器也采用了速度极快的半导体存储器，主存储器容量也大为提高；大容量磁盘机作外存储器；还使用了高速输入输出设备。

图4

此时，其运算速度为百万次／秒～数百万次／秒。完整的操作系统和高级语言有了进一步发展，在计算机领域里形成了多种完整的操作系统和一系列高级语言，从而使计算机形成了"计算机系统"。

这一时期计算机的速度、容量和可靠性都有了很大提高；体积、功耗和价格都有了进一步的降低。计算机系统得到了广泛应用，出现了终端机和网络。

这一代产品的代表是 IBM–System ／ 360 大型系列计算机。在我国，中小规模集成电路计算机已成系列，最著名的小型系列计算机是 DJS130 系列计算机、DJS140 系列计算机和 DJS180 系列计算机，大型系列计算机有DJS151 系列计算机、DJS200 系列计算机和 DJS150 系列计算机等。

第四代计算机

使用大规模和超大规模集成电路（Very LSI：VLSI）和极大规模集成电路（Ultra LSI：ULSI）作为计算机的开关逻辑元件，采用高集成度的半导体存储器作为计算机的内存储器设备，高密度大容量磁盘存储器和光盘以及更多种类存储设备作外存储器。（图5）高速度、多品种、高精度、多介

图 5

质的输入输出设备是这一时期计算机系统的一大特点。其运算速度为千万次／秒以上。

高超完善、功能强大的操作系统以及接近英语、书写简单的高级语言，广泛应用的数据库系统、大型系统网络软件，这些都使计算机的应用遍布各个领域。

目前，我国著名的巨型计算机有银河系列计算机、曙光系列计算机等。

微处理器和网络时代

1971 年美国 Intel 公司研制成功了世界上第一块微处理器 4004，它是在一个芯片上实现了中央处理器（CPU）功能的大规模集成电路，到 2000 年推出的 Pentimn4，30 多年的一次次技术飞跃使 Intel 的微处理器的迅速发展，成为世界第一大微处理器提供商。

微型计算机

以微处理器为核心的计算机是微型计算机，（图 6）微处理器的不断发展和更新促进了微型计算机的飞速发展。

1981 年 8 月，世界第一大计算机公司——IBM 公司推出了第一台 8 位字长的微型计算机 IBMPC。1982 年，IBM 公司又推出了 IBM PC/XT。这一款式计算机采用 Intel 的 8088 微处理器，内存储器 128kB，安装了 10MB 的硬盘存储器和 120kB 5.25 软盘驱动器，

图 6

还提供了上万种应用软件，包括一些非常有趣的游戏软件。这款微型计算机迅速占领了市场，取得了极大成功。

1984 年，IBM 公司采用 Intel 公司的最新型微处理器 80286 生产出 IBM

286微型计算机,内存储器640kB,20MB硬盘和120KB5.25英寸软盘驱动器。

1985 年,Intel 公司推出 32 位微处理器 80386。1989 年,Intel 推出 80486,而 IBM 公司紧跟其后,也推出相应微型计算机。1989 年 5 月,微软成功推出 Windows3.0 个人操作系统,此款操作系统大大改变了人机界面,变字符界面(DOS 操作系统)为图形界面(Windows),极大的方便了用户对计算机的操作。IBM 于 1994 年采用 Intel80486 微处理器推出多媒体计算机 Aqtiva。

20 世纪 90 年代,微机进入多媒体化和网络化时代,IT 产业相继出现了图像压缩和解压缩技术(MPEG,JPEG 标准),使微机可以同时处理和重现文字、数据、图形、图像、声音、动画等多种媒体的信息。据统计,1997 年世界上大约有一亿五千万台微机,其中,5560 多万台计算机是多媒体电脑。

21 世纪初,海尔公司推出带机器人的多媒体计算机。(图7)

1995 年,IBM 总裁提出"以网络为中心的计算机",并指出 PC 机很可能变得像"廉价家用电器一样,它从网络上吸收'营养'"。于是,许多计算机厂商纷纷在新的计算机模式中寻找和确立自己的位置,各种各样的计算机纷纷出台。总体来看有三种类型:即 PC、NC、BC。

图 7

图 8

(1)PC,即目前流行的通用微型计算机(或称个人计算机)(图8)。Intel、Microsoft、Compaq、Dell 等公司反对网络计算机模式,坚持个人计算机。随着计算机网络的发展,也是网络个人计算机的模式。

(2)NC,即网络计算机。NC 体

现了以网络为中心的计算机模式，完全是为了充分发挥计算机的利用率，降低计算机的销售价格，解决用户对计算机硬件平台和软件更新换代的困扰，充分共享互联网上的资源。NC 是靠网络生存的。

（3）BC，即全民电脑。BC 认为 PC 技术尽管日新月异，计算机"一步到位是不可能的"，而是应根据技术的发展和实际需要随时扩充。其原则是"适用、够用、好用"，BC 不是高档机，它配置简单，功能足够，

图 9

价格低廉，它能够运行市场上几乎所有的软件，它能为广大人们接受，当然，用户可以根据自己的需要随时升级、扩充。

微型计算机的迅速发展主要取决于三个因素。第一是日新月异的微处理器（图 9）的迅猛发展；第二是微机体系结构的不断更新改进；第三是微机的普及和社会不断增长的需求。微处理器的发展大约经过了五个阶段，见下表。

微处理器发展一览表

阶段划分	字长（位）	所用材料	电路规模
第一阶段	4-8	PMOS	中、小规模集成电路
第二阶段	8	NMOS	大、中规模集成电路
第三阶段	16	HMOS	大规模集成电路
第四阶段	32	CMOC	超大规模集成电路
第五阶段	64		超大规模集成电路

此外，半导体存储器不但有了更高的集成度，而速度也有了很大的提高。外存储器也有了质的变化，出现了可读写、可更换的小型磁盘驱动器。

计算机的主板图（10）把微处理器、存储器和磁盘存储器通过总线连接起来，构成了体积小巧的微型机系统。在保存计算机功能的基础上，大大地简化了计算机的连接，也增加了计算机系统的灵活性，为计算机进入千家万户创造了条件，为今天多媒体计算机和网络时代的到来奠定了基础。

神奇的电子世界

很多年来，计算机无论在硬件还是软件方面，它的性能都有了突飞猛进的发展。

今天，各种各样的计算机层出不穷，遍布世界各个角落，无论在哪里都要与计算机打交道。似甘甜雨露，融入我们生活的每一部分。

图10

Part 2
电脑的工作原理

　　电脑的基本原理是存贮程序和程序控制。预先要把指挥电脑如何进行操作的指令序列（称为程序）和原始数据通过输入设备输送到电脑内存贮器中。每一条指令中明确规定了电脑从哪个地址取数，进行什么操作，然后送到什么地址去等步骤。电脑在运行时，先从内存中取出第一条指令，通过控制器的译码，按指令的要求，从存储器中取出数据进行指定的运算和逻辑操作等加工，然后再按地址把结果送到内存中去。接下来，再取出第二条指令，在控制器的指挥下完成规定操作。依此进行下去，直至遇到停止指令。

电脑中的信息 ▶

大家都知道计算机是信息产业的重要设备。那么，计算机内部又是怎样计算的呢？

可能谁也没有想到，计算机内部的计算只是"0"和"1"的计算，这是最简单不过的计算了。

计算机是那么的先进、那么的有能力、功能是那么的强大、结构是那么复杂、计算是那么精确……怎么计算机内部会只进行"0"和"1"计算的呢？

自从类人猿走出树林，人类就用各种方式进行计算，如用绳子打结、在墙壁上作记号——这些都是二进制的雏形，直到中国古老的八卦的产生才形成了较为完整的二进制（图11）概念。

现在，在人们的日常生活中，人们最熟悉最常用的数制系统是十进制数制（据说，这与人有十个手指有关），如：一元是十角、一角是十分；一斤是十两，一两是十钱；数字的书写也是十进制：逢十进一，借一当十等。

你是否注意到，在我们的生活中，

图11

除十进计数之外还有其他的进制，如60进制：一小时是60分钟，一分钟是60秒；16进制：16两是一斤，还有十二进制、二十四进制等。

不同数制的数的区别是什么呢？根据不同数制的组成，人们发现它们的根本区别是，不同数制需要用不同数量的数码来表示，如：

十进制数需要十个数码表示，即：0、1、2、3、4、5、6、7、8、9。

八进制数需要八个数码表示，即：0、1、2、3、4、5、6、7。

60 进制数需要 60 个数码表示，即：0、1、2、3···58、59。

二进制数呢？只需要两个数码表示，即：0、1。

由上面的数制分析我们可以发现，进制数越大，所需要的编码信息越多、越复杂，反之，需要的编码信息越少，越简单，而最简单的数制是二进制数，只需二个数码，"0"和"1"。

众所周知，用十进制数做一个算盘（实际上也是一台计算机，英文叫 chinese Computer），它的结构是多么的复杂。

如果用二进制数做一个算盘，那就简单多了。

实际上，制造电子计算机和制造木制算盘（图 12）没有什么原则差别，其所使用的数制越简单，其结构就越简单，实现起来就越容易。

图 12

神奇的电子世界

二进制的特点

计算机采用二进制数，除数码少，实现容易之外，还有如下重要原因：

可行性

二进制数只有简单的两个数码"0"和"1"。所以，制造计算机各个部件使用的各种元件只需两种稳定状态，一种状态表示"0"，另一种状态表示"1"，而且，两种状态在物理上易于实现，如：一个物体的"上"和"下"、电源开关的连通和断开、晶体管的导通和截止、磁元件磁性的正和负、电位电平的高与低等，这些状态都可以用来表示"0"和"1"两个数码。电子元器件具有"开"和"关"两个特性状态，具有二进制"0"和"1"实现的可行性。如果采用十进制数制作计算机，（图13）就要选用一个十种状态的器件，那简直是不可能的，

图 13

实际上，具有十种明显可区分状态的器件是无法选出的。

简易性

两个数的运算有加、减、乘、除，加减乘除运算都须遵守一定的法则才能进行。十进制乘法运算要遵守的法则有 55 条。而二进制数的运算法则要少得多，运算极其简单。如乘法运算，二进制乘法运算法则只有四条公式，它们是：$0 \times 0 = 0$；$0 \times 1 = 0$；$1 \times 0 = 0$；$1 \times 1 = 1$。运算法则简单则可大大简化计算机实现乘法运算的硬件结构。

逻辑性

二进制的"0"和"1"与逻辑代数的"假"和"真"相对应。用二进制表示二进制逻辑非常自然。二进制逻辑代数中的"真"和"假"在其他进制数中却很难实现。鉴于上述不可替代的三种原因，目前的计算机的内部（图14）几乎毫无例外地使用二进制数来表示信息。以二进制为基础设计、制造的计算机可以做到速度快、元件少，即经济又可靠。当然，从使用者看来计算机处理的是十进制的数，

图 14

因为人们所看到的信息是经过计算机转换后的信息，而在计算机内部，真正的运算是以二进制数进行的。

在计算机中，数据的最小单位是一位二进制代码，称为"位（bit）"，它们是"0"或"1"。8位连续的"bit"称为一个"字节（byte）"，由八个连续的"0"和"1"组成。由一个或若干个字节组成一个计算机的一个字（Word），一个二进制数的位数位称为字长。

二进制数的算术运算

二进制数的算术运算和其他数制的算术运算没有什么区别，也和十进制数的算术运算相类似，只是使用的数码更少，因而，运算规则也就更为简单，由于其简单，我们不再加以详细说明，只列出其运算规则，详见下表。

二进制数的运算规则

	减法	乘法	除法
0+0=0	0−0=0	0×0=0	0÷0=1
0+1=1	1−0=1	0×0=0	0÷1=0
1+0=1	1−1=0	1×0=0	1÷0=0（无意义）
1+1=0(逢二进一）	0−1=1（借一当二）	1×1=1	1÷1=1

二进制数的运算规则下面我们举例说明二进制（图15）数的运算规则。

神奇的电子世界

图 15

十进制数	二进制码	格雷码
0	0 0 0 0	0 0 0 0
1	0 0 0 1	0 0 0 1
2	0 0 1 0	0 0 1 1
3	0 0 1 1	0 0 1 0
4	0 1 0 0	0 1 1 0
5	0 1 0 1	0 1 1 1
6	0 1 1 0	0 1 0 1
7	0 1 1 1	0 1 0 0
8	1 0 0 0	1 1 0 0
9	1 0 0 1	1 1 0 1
10	1 0 1 0	1 1 1 1
11	1 0 1 1	1 1 1 0
12	1 1 0 0	1 0 1 0
13	1 1 0 1	1 0 1 1
14	1 1 1 0	1 0 0 1
15	1 1 1 1	1 0 0 0

图 16

二进制数的加法运算

如二进制数 1010 与 1011 相加。

算式：

被加数	$(1010)_2$	…………………………	$(10)_{10}$
被加数	$(1010)_2$	…………………………	$(11)_{10}$
进 位	+）11		

合 数　　　$(10101)_2$　　　　　　　　　　$(21)_{10}$

结果：$(1010)_2 + (1011)_2 = (10101)_2$

由上述算式可以看出，两个二进制（图 16）数相加时数的末位对齐，按位相加，并且在对每一位的运算中最多有三种数（被加数、加数和来自低位的进位数）相加，且其规则为"逢二进一"。按照这种加法算法运算，则可得到本位相加的数值和向高位进位数的数值。

二进制的减法运算

如二进制数 10101 减二进制数 1101

算式：

被减数	$(1010)_2$	…………………………	$(21)_{10}$
减 数	$(1010)_2$	…………………………	$(13)_{10}$
借 位	−1		

差 数　　　$(1000)_2$　　　　　　　　　　$(8)_{10}$

结果：$(10101)_2 - (1101)_2 = (1000)_2$

由上述算式可以看出，两个二进制数相减时仍为末位对齐，按相位相减，借一当二。在对每一位的运算中最多有三种数（本位被减数、减数和向高位的借位数）相减，按照二进制数减法运算法则运算可得到本位相减的差数和向高位的借位数。

二进制数的乘法运算

如二进制数 1010 与二进制数 1101 相乘。

算式：
```
       被乘数        （1010）2              （21）10
       乘  数    ×）（1010）2              （13）10
      ─────────────────────────────────────────────
                     1010                   （8）10
                     0000
       部分积       1010
                    1010
      ─────────────────────────────────────────────
       进位        111
      ─────────────────────────────────────────────
       积       （1000000）2 ……………………（130）10
```

图 17

结果：（1010）2 × （1101）2 =（ 10000010）2

由算式可以看出，在两个二进制（图17）数相乘的过程中，每一个部分积取决于乘数，若乘数的数位为 1，部分积就是被乘数；若乘数的数位为 0，则部分积为全 0。乘数有几位就有几个部分积。其总的规则是，末位对齐，按位相乘，乘完后部分积相加。但在计算机进行加法运算时，每次只允许有一个被加数和一个加数相加，若同时有几个二进制（图18）数相加时，计算机总是采用边乘、边移位、边加的办法。具体步骤如下（结合上面举例）。

图 18

（1）首先累加器清零（相当于初始"部分积"为零）。

（2）因乘数最低位为1，则把被乘数与累加器中的零相加作为第一个部分积（1010），并把它存入累加器。

（3）因乘数第二位为0，乘数与被乘数相成后必然全是0，将它与存放在累加器中的第一个部分积右移一位后的数（01010）相加，作为第二个部分积（01010），并存入累加器。

（4）因乘数的下一位为1，其与被乘数相乘后就是被乘数本身（1010），把它与存放在累加器中的第二部分积右移一位后的数（001010）相加，作为第三个部分积（1110010），仍存入累加器。

（5）因乘数的再下一位，即最高位为1，其与被乘数相乘后仍是被乘数本身（1010），把它与存放在累加器中的第三个部分积右移一位后的数（110010）相加，所得的和数，就是最后的乘积（10000010）。请看算式：

			右移基准线	
被乘数		1010		
×）		1101		
乘　数		0000		（累加器清零）
+		1010		（加被乘数）
第一部分积		1010		（存累加器）
		0101	0	（右移一位）
第二部分积 +		0000		（全加零）
		0101	0	（存累加器）
		0010	10	（右移一位）
第三部分积 +		1010		（加被乘数）
		1100	10	（存累加器）
		110	010	（右移一位）
第四部分积 +		1010		（加被乘数）
最后乘积		1000	010	（存累加器）

从上面算式可以看出，二进制数（图19）的乘法计算结果与传统乘法算法完全相同。虽然这个算法比传统算法更繁琐，但它却能为计算机所接受。

图19

二进制数的除法运算

如二进制数 100111 与二进制（图20）数 110 相除（十进制 39 与 6 相除）。

算式

$$
\begin{array}{r}
110 \cdots\cdots\cdots\cdots\cdots\cdots商数 \\
除数：110 \;\big/\; 10011 \cdots\cdots\cdots\cdots被除数 \\
-)\,110 \\
\hline
111 \cdots\cdots\cdots\cdots中间被除 \\
数 \\
-)\,110 \\
\hline
11 \cdots\cdots\cdots\cdots余数
\end{array}
$$

结果：（100111）2 ÷（110）2 =（110）2

余数 =（11）2

（39÷6=6 余 3）

除数第一位（最高位）是 1，结果是被除数 100111 减去第一个除数 110（这里和十进制除法一样，要注意对齐位数），得中间被除数 1111；

除数第二位还是 1，结果是中间被除数 0111 减去第二个除数 110，再得一个中间被除数 11，由于第三个中间被除数是 11，已小于除数，所以，在商位上上 0，第三个中间被除数 11 为余数，商数是 110，计算结束。

图 20

由上可知，二进制数的除法规则和十进制除法规则一样，从高位除起，不够时商数补 0，余数下拉一位，借位时，借一当二。

计算机中的逻辑运算

计算机中（图 21）的逻辑关系是二值逻辑，逻辑运算的结果只有"真"和"假"两个值。其二值逻辑用"0"和"1"表示，通常"1"表示真，"0"表示假。逻辑值的每一位表示一个逻辑值，逻辑运算是按对应位进行的，每位之间相互独立，不存在进位和借位关系，运算结果也是逻辑值。

图 21

计算机中的逻辑运算有"与"、"或"、"非"三种基本逻辑运算，其他复杂的逻辑关系都可以由这三种基本逻辑关系组合而成。

逻辑"与"

用于表示逻辑"与"关系的运算称"与"运算，"与"运算的运算符用"AND"、"·"、"×"等表示。逻辑"与"的运算（图22）规则如下：

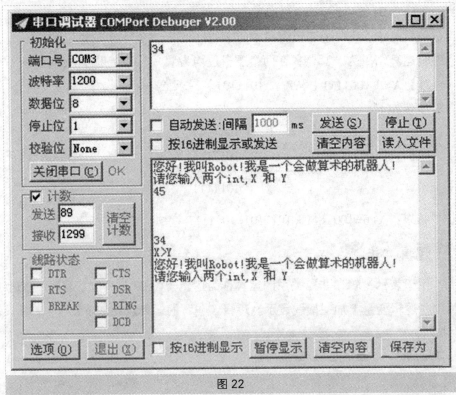

图 22

$0 \times 0 = 0$　　$0 \times 1 = 0$　　$1 \times 0 = 0$　　$1 \times 1 = 1$

这就是说，在两个逻辑位的"与"运算中，只要有一个为"假"，其逻辑运算结果就为"假"，只有在两个逻辑位均为真时，其结果才是真。

如：A=（1001111），B=（1011101），求 A×B

步骤如下：

$$
\begin{array}{r}
1001111 \\
\times\ \ 1011101 \\
\hline
1001101
\end{array}
$$

结果：$A \cdot B = 1001111 \times 1011101 = 1001101$

逻辑 "或"

用于表示逻辑 "或" 关系的运算称 "或" 运算，"或" 运算的运算符用 "OR"、"+" 等表示。逻辑 "或" 运算的规则如下：

0+0=0 0+1=1 1+0=1 1+1=1

这就是说，在两个逻辑位的 "或" 运算中，只要有一个逻辑位为 "真"，其逻辑运算结果为 "真"，在两个逻辑位均为假时，其结果才为假。

如：A=（1001111），B=（1011101），求 A+B。

步聚如下：

$$\begin{array}{r} 1001111 \\ \times\quad 1011101 \\ \hline 1011111 \end{array}$$

结果：A+B=1001111 × 1011101=1011111

逻辑 "非"

用于表示逻辑 "非" 关系的运算称为逻辑（图 23）"非" 运算，该运算用在逻辑变量上加一横线表示。逻辑 "非" 的运算规则如下：

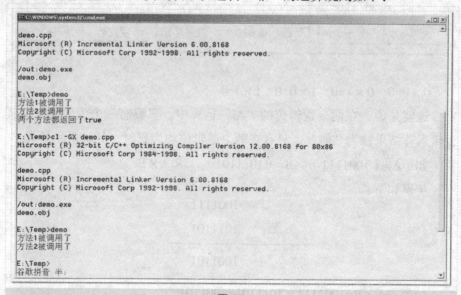

图 23

$$\overline{1}=0 \qquad \overline{0}=1$$

实际上，逻辑"非"运算就是对逻辑位求反。

不同数制数的转换

第二章 电脑的工作原理

不同数制数的转换采用"基"乘除法。

将十进制数转换为 R 进制数（R 为基数）时，其整数（图 24）部分和小数部分应分别遵守不同的转换规则。

对整数部分采用除以 R 取余法：即对整数部分不断地除以 R 取余数，直到商数是 0 为止，最先得到的余数为最低位，最后得到的余数为最高位。

对小数部分采用乘以 R 取整法：即对小数部分不断地乘以 R 取整数，直到小数为 0 或达到所要求的有效位

	5 000		15 000
3 X	5 00	**=**	15 00
	5 0		150
	5		15

图 24

为止，最先得到的整数为最高位（最靠近小数点），最后得到的整数为最低位。

十进制数转换为二进制数

在十进制数转换为二进制数时，其"基数"为 2，对整数部分除 2 取余，对小数部分乘 2 取整。为了将一个既有整数又有小数的十进制数转换为二进制数，可以将其整数部分和小数部分分别转换，然后再组合起来。

神奇的电子世界

整数部分：   取余数   低

```
 2 | 37    1
 2 | 18    0
   |  9    1
 2 |  4    0
 2 |  2    0
 2 |  1    0
 2 |  0    0            高
```

将十进制数（37.25）10 转换成二进制数。

注意：第一次得到的余数（图25）是二进制的最低位，最后得到的余数是二进制的最高位。也可以由下述方法计算：

商： 0 1 2 4 9 18 37

余数： 1 0 0 1 0 1

```
      0.25        取整数      高
   ×    2
      0.50          0
   ×    2
      1.00          1         低
```

小数部分：

注意：

一个十进制小数（图26）不一定能完全准确地转换成二进制小数，这时，可以根据精度要求只转换到小数点某一位即可。在上述例子中，将其整数部

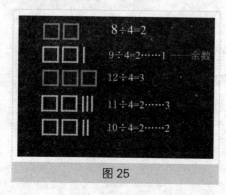

图 25

图 26

分和小数部分分别转换，然后组合起来得：（37.25）10=（100101.01）2

其他进制数的转换成二进制数的方法与十—二进制转换相同，只要选用相应的基数（R）就可以了。

二进制数转换为八、十六进制数

二进制、八进制和十六进制数（图27）之间的关系。8和16都是2的整数次幂，8=2^3、16=2^4，因此，三位二进制数相当于一位八进制数，四位二进制数相当一位16进制数，见下表。它们之间的转换关系也相当简单。由于二进制数表示数值的位数较长，因此，常用八和十六进制数来表示二进制数。

FFFFFF	FFCCFF	FF99FF	FF66FF	FF33FF	FF00FF
FFFFCC	FFCCCC	FF99CC	FF66CC	FF33CC	FF00CC
FFFF99	FFCC99	FF9999	FF6699	FF3399	FF0099
FFFF66	FFCC66	FF9966	FF6666	FF3366	FF0066
FFFF33	FFCC33	FF9933	FF6633	FF3333	FF0033
FFFF00	FFCC00	FF9900	FF6600	FF3300	FF0000
CCFFFF	CCCCFF	CC99FF	CC66FF	CC33FF	CC00FF
CCFFCC	CCCCCC	CC99CC	CC66CC	CC33CC	CC00CC
CCFF99	CCCC99	CC9999	CC6699	CC3399	CC0099
CCFF66	CCCC66	CC9966	CC6666	CC3366	CC0066
CCFF33	CCCC33	CC9933	CC6633	CC3333	CC0033
CCFF00	CCCC00	CC9900	CC6600	CC3300	CC0000
99FFFF	99CCFF	9999FF	9966FF	9933FF	9900FF
99FFCC	99CCCC	9999CC	9966CC	9933CC	9900CC
99FF99	99CC99	999999	996699	993399	990099
99FF66	99CC66	999966	996666	993366	990066
99FF33	99CC33	999933	996633	993333	990033

图27

图28

二进制、八进制和十六进制数的对应关系表

二进制	八进制	二进制	十六进制	二进制	十六进制
000	0	000	0	1000	8
001	1	0001	1	1001	9
010	2	0010	2	1010	A
011	3	0011	3	1011	B
100	4	0100	4	1100	C
101	5	0101	5	1101	D
110	6	0110	6	1110	E
111	7	0111	7	1111	F

将二进制数（图28）以小数点为中心向两边分组，转换成八（或

16）进制数，每三（或四）位为一组，整数部分向左分组，不足位数左边补0。小数部分向右分组，不足位数右边补0。如：将二进制数（11101001 . 00101011）2转换为八和16进制数：

$$（011\ \ 101\ \ 001\ \ 001\ \ 010\ \ 110）2=（35.126）8$$

八进制数：3 5 1 1 2 6

$$（1110\ \ 1001\ \ 0010\ \ 1011）2=（E9.2B）16$$

16进制数：　　E　　9　　2　　B

八和十六进制数转换为二进制数

将每位8（或16）进制数展开为3（或4）位二进制数。如：（326.543）8=（011 010 110 101 100 011）2 八进制数为：3 2 6 5 4 3

二进制数为：　011 010 110 101 100 011

（4BA8.3E）16=（0100 1011 1010 1000 0011 1110）2

十六进制数为：4 B A 8 3 E

二进制数为：　0100 1011 1010 1000 0011 1110

整数前的高位0和小数后的低位0可取消。

请记住，在各种进制数间的转换中，最为重要的是二进制数和十进制数（图29）之间的转换计算以及8、16进制数与二进制数的直接对应转换。

图29

带符号的数字

开始时我们已经说了，在计算机中只有"0"和"1"，没有其他信息了。所以，数字中的正负符号也是用"0"和"1"来表示数字的"正"和"负"的，即用"0"表示正号，而用"1"表示负号。

如在计算机中有一个是（+75）的数，其格式为：

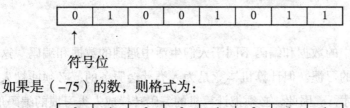

如果是（−75）的数，则格式为：

0	1	0	0	1	0	1	1

↑
符号位

在计算机内部，数字和符号都用二进制数码表示，二者合在一起构成了数的机内表示形式，称为机器数，（图 30）而它真正表示的数值称为这个机器数的真值。

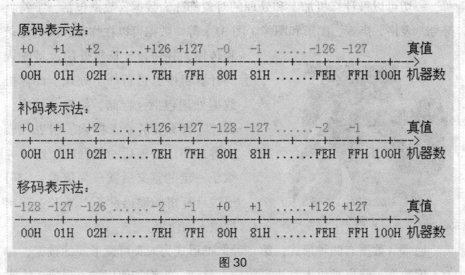

图 30

人们又通过什么手段去了解和使用只有"0"和"1"的计算机系统呢？计算机又如何通过"0"和"1"来完成那么强的功能呢？

计算机编码

　　计算机中的数据和编码不同于人们生活中遇到的数据和编码。这可以说是计算机的习惯。但计算机毕竟是为人类社会服务的，必须能被人们很容易地理解才行。因此，必须把计算机的编码转换成人类习惯的编码形式。只有这样，我们才能知道如何操作计算机。

　　我们要进行计算机编码和人们习惯使用的编码的转换，必须首先了解计算机信息的具体表现方式，即数据、数据单位等等。

数据

　　一切可以被计算机加工和处理的对象都称为数据，数据包括：字符、符号、表格、声音、图形和图像（图31）等。数据可以在物理介质上记录

图31

和传输，并通过计算机外围设备输入到计算机中去进行加工处理。计算机数据处理包括：存储、传送、排序、合并、计算、转换、检索、制表和模拟等操作，处理后的数据经过解释并赋予一定的意义后就成为信息，它可通过计算机的输出设备（图32）输出后供人们使用。

　　通常，数据有两种形式：第一种数据形式为人类可读形式的数据，称为人读数据。数据是供人类进行收集、整理、组织和使用的，形成了人类独有的语言、文字和图像，如图书资料、音像制品等。第二种数据形式为机器可读形式的数据，称为机读数据。计算机是以二进制数的形式进行数

第二章 电脑的工作原理

据处理的，因此，输入到计算机里的数据必须是计算机的可读数据，这些数据表现形式为：印刷在物品上的条形码、录制在磁带、磁卡、磁盘和光盘上的数据等。这些数据必须通过特定的计算机的输入设备输入到计算机里去的。

图32

数据的单位

计算机中数据的常用单位是位、字节和字。

1）位（Bit）

计算机内部处理、传输、存储的数据都是二进制数据，网络上进行传输的数据也是二进制数据，二进制数据只有"0"和"1"。计算机中最小的数据单位是二进制数的一个数位，简称"位"（英文为bit，读为"比特"）。计算机中最直接，最基本的操作就是对二进制数位的操作。

2）字节（Byte）

为了方便人们读计算机数据中的所有字符（字母、数字以及各种专用符号约256个，均用8位二进制数表示），因此，采用8位二进制数为一个字节。

字节是计算机中用来表示存储空间大小的基本容量单位。如计算机内存的存储容量，磁盘（图33）的存储容量等都是以字节为单位来表示的。除了以字节为单位表示存储容量外，还可以用千字节（KB），兆字节（MB），十亿字节（GB）等表示存储容量。它们之间存在下列换算关系。

图33

神奇的电子世界

1B=8bit

1kB：1024B：2^{10}B

1kB：1024Byte，"k"的含义是"千"

1MB=1024kB=2^{10}kB=2^{20}B=1024 × 1024B

1kB=1024kByte，"M"的含义是"兆"

1GB=1024MB=2^{10}MB=2^{30}kB=2^{20}B=1024 × 1024kB

1GB=1024MByte，"G"的含义是"吉"

1TB=1024GB=2^{10}GB=2^{40}kB=2^{20}B=1024 × 1024MB

1TB=1024GByte，"T"的含义是"太"

请注意：位是计算机中最小的数据单位，字节是计算机中的基本信息单位。

3）字（Word）

在计算机中，作为一个整体被存取、传送和处理的二进制数字字符串叫一个"字"或"单元"。一个字具有的二进制数的长度称为字长，不同计算机系统的"字长"是不一样的，常见的字长有 8 位、16 位、32 位（图34）和 64 位等，字长越大，计算机一次处理的信息量就越多，计算精度就越高。字长是计算机性能的一个重要指标。当前，主流计算机字长是 32 位，但不久将来必为 64 位所代替。因为，64 位字长可以代表更多、更复杂的信

图 34

息含义，进行科学计算也可获得更高的计算精度。

计算机编码

计算机要处理的信息有许多种，有数字、文字、图形、图像、声音等，这些信息都要以二进制数的形式在计算机中进行处理，处理完后又要以数字、文字、图形、图像、声音等形式输出。因此，计算机必须对这些信息进行编码后才能进行处理，而且对不同的信息有不同的编码方法。

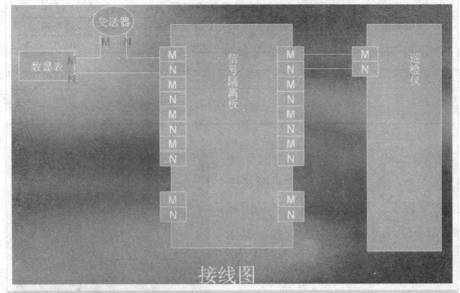

接线图

图35

第二章 电脑的工作原理

1）BCD 编码

　　我们已经知道计算机只使用二进制数，可人们习惯用的是十进制数，这是一个矛盾。为解决这个问题，就需要用二进制数"1"和"0"对十进制数进行编码。用二进制数码表示一位十进制数的编码方案称为二—十进制编码。二—十进制编码方案有许多种，BCD 码（图 35）（也称 8421 码）是最常用的一种，它采用四位二进制数表示一位十进制数，4 位二进制数各位位权由高到低分别是：

　　十进制数　　　　X　　X　　X　　X

　　各位位权　　　　2^3　　2^2　　2^1　　2^0

　　即：8、4、2、1

　　如：十进制数 5678 的 8421 码是：0101011001111000

　　十进制数 5678 的二—十进制数（8421 码）是：

　　0101　　　0110　　　0111　　　1000

　　上述只是形式上变为二进制形式，其运算规则和数值仍为十进制。

二—十进制编码表如下：

神奇的电子世界

二一十进制编码表

十进制数	二制进数	十进制数	二进制数
0	0000	5	0101
1	0001	6	0110
2	0010	7	0111
3	0011	8	1000
4	0100	9	1001

2）ASCII 码

ASCII 码（图 36）是"美国标准信息交换"码的简称。该编码原是美国国家标准，后为国际组织所采用。ASCII 码是国际通用的信息交换标准代码的最主要的码制。

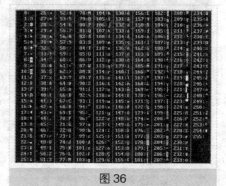

图 36

ASCII 码用七位二进制数表示一个字符。由于 $2^7=128$，所以，它能表示 128 种不同的字符，见下表。表中编码符号的排列次序为：b7 b6 b5 b4 b3 b2 b1 b0，其中，b7 总为 0，在表中未标出。表中把一个字节分为高位和低位两部分，符合十六进制编码，容易记忆。表中数字字符 0 ~ 9 对应十六进制 ASCII 码为：（30）16 ~（39）16，而英文大写字母 A ~ z 对应的十六进制是（41）16 ~（5A）16。

7 位 ASCII 编码表

低四位代码 b3 b2 b1 b0	高 3 位代码				b6 b5 b4			
	000	001	010	011	100	101	110	111
0000	NUL	DLE	SP	0	@	P	·	P
0001	SOH	DCL	!	1	A	Q	a	q
0010	STX	DC2	"	2	B	R	b	r
0011	ETX	DC3	#	3	C	S	c	s
0100	EOT	DC4	$	4	D	T	d	t
0101	ENQ	NAK	%	5	E	U	e	u
0110	ACK	SYN	&	6	F	V	f	v
0111	BEL	ETB	,	7	G	W	g	w
1000	BS	CAN	(	8	H	X	h	x
1001	HT	EM	)	9	I	Y	i	y

第二章 电脑的工作原理

								续表
1010	LF	SUB	*	:	J	Z	j	z
1011	VT	ESC	+	;	K	[	k	{
1100	FF	FS	,	<	L	\	l	|
1101	CR	GS	–	=	M	]	m	}
1110	SO	RS	.	>	N	↑	n	~
1111	SI	US	/	?	O	↓	o	DEL

计算机的键盘（图 37）使用的就是 ASCII 编码，当键盘上输入一个字符时，计算机将该字符的 ASCII 码值送到计算机存储器中储存，等待处理。通常，一个字符的 ASCII 码占用一个字节的内存单元，并将其最高位补"0"。

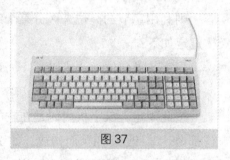

图 37

3）汉字编码

英文的词是由 26 个字母按不同数量和不同的字母顺序组成的，而中文的字是由象形文字发展而来的，由字组成词，中文的字特别的多。为在机内识别汉字，每个汉字要用一个编码，因此，汉字编码要比西文字母的编码复杂得多。

汉字交换码

1981 年，我国颁布了《信息交换用汉字编码字符集——基本集》。它是汉字交换码的国家标准，又称"国标码"（图 38）。该汉字编码集中收入了两级汉字编码，共 6763 个常用汉字。其中，最常用的一级汉字 3755 个，较常用的二级汉字 3008 个，另外，还有英、俄、日文字母及其他符号等共 687 个。

国标码规定，每个汉字字符或其文字字符均由两个字节组成，

图 38

神奇的电子世界

每个字节的最高位为"0"，其余 7 位为不同的码值，这样，共可表示 128×128=16384 个符号，如汉字的"北"的编码是 1717，用二进制表示如下：

00010111 0001011l

汉字机内码

在计算机中，为了使汉字处理与西文处理不发生矛盾，实现中西文兼容，则利用字节的高位来区分某个编码是汉字字符还是 ASCII 码字符。具体规定如下：

当字节最高位为"1"时，该字符是汉字字符。

当字节最高位为"0"时，该字符是 ASCII 码字符。

按此规定，汉字机内码是在它的国标码的基础上，将其两个字节最高位都由"0"改为"l"而构成。如汉字"北"的国标码是 1717，而它的机内码则为 9797，用二进制表示为：10010111

10010111

按这种规定，汉字的交换码和机内码是不同的，而 ASCII 码字符的交换码和机内码是一样的。

汉字输入码

计算机键盘上的各个输入键是按英文设计的，因此，在西文字符输入

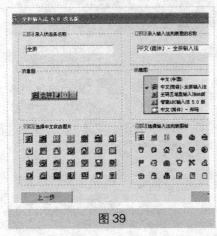

图 39

时，按哪个键便输入那个字符，输入码和机内码是一致的。但汉字的输入就不一样了。例如，要输入汉字"北"，计算机键盘上没有标"北"的按键（计算机键盘不是按中文设计的），要输入汉字，就要用一种汉字输入方法。汉字输入方法有许多种，每种输入法都有一种编码与之对应。

拼音输入法（又称全拼输入法（图 39）是汉字输入法的一种，用这种方

法输入汉字"北京","北"字的编码为"bei","京"的编码是"jing"等。不同的汉字有不同输入码。可见,汉字输入码不同于汉字的机内码,同一个汉字因其所使用的输入方法不同,其输入码也是不相同的。

不论用哪种汉字输入法,同一个汉字,计算机内的机内编码是一样的,与采用的汉字输入法无关。输入码仅提供用户选择不同的输入法时用于输入汉字时的编码,同一个汉字可有多

图40

种编码,故称"外码";机内码是计算机识别汉字的编码,每个汉字对应惟一的机内码,称为"内码"。从外码到内码是通过键盘(图40)管理程序进行转换的。

汉字字形码

汉字字形码是一种使用点阵方法构成汉字字形的字模数据,它在显示或打印汉字时使用。汉字字形点阵的代码是汉字字形码,又称字模码,是汉字的输出形式。通常,在显示器上显示汉字时用 16×16 点阵,用打印机打印汉字时用 24×24、32×32、48×48、64×64、96×96 等点阵。点阵点数越多,所构造的字体越完美,但是,存储汉字字模码所占用的存储空间也越大。

如:32×32 点阵的一个汉字占用存储空间为 128 个字节。48×48 点阵的一个汉字所占用的存储空间则为 288 个字节。

图形画面

点阵字形最原始的依据是书写字形,点阵字形是书写字形的代码化的结果。根据汉字特点,在屏幕上或在打印纸上总要把打印字的框架表示为距形,即纵向分为若干列,横向分为若干行。所有字符或汉字都可以在这样的框架中用黑点和白点表示。

図 41

神奇的电子世界

所有国标汉字都是以上述方式建立起来的。

存放汉字点阵需要一个汉字库，库内每个汉字都对应一个编码，即汉字字形码，使用该编码便可以调出其所对应的汉字点阵（图41）码，然后把它显示或打印出来。

输出设备的点阵数据传送顺序

输出汉字时，根据输出设备要求的点阵数据传送顺序，可以确定点阵字形的存储规则。也就是说，图形画面哪八个点存入第一个字节，哪八个点存入第二个字节，……一直到最后一个字节。在八个点中，哪一个点在高位，哪个点在低位，显然，这些问题和设备的输出特点有关。

不同设备所要求的点阵数据传送顺序是不同的。屏幕显示画面时，逻辑上从上至下逐线扫描，每行从左至右逐点扫描，传送点阵数据时应逐行逐点进行。显然，在显示用的字库中，每个汉字点阵数据的第一个字节应该对应图形画面中该字第一线的最左面的8个点，其高位在左面，低位在右面。第二个字节对应的8个点在第一字节的右方，其他字节也应按线顺序排列。激光打印机（图42）与显示器类似，要逐线传送数据。激光打印机专用的字库点阵码的存储方式也应与显示器显示用字库类似。

普通针式打印机打印顺序是由左到右逐列打印的，因此，要求计算机从左到右逐列传送数据，但针数不同，每列点数不同，如有24点的、有16点的、有9点的等等，它们的对应字节和传送顺序都是不一样的。

点阵数据的格式转换

在字库文件中，任何一个图形字符的点阵码都要按存储顺序读取。但是，存储的顺序不一定能够满足输出设备的要求，必要时应当把从字库中

第二章 电脑的工作原理

图 42

读出的汉字进行存储格式的转换，然后再传送给输出设备。一个字库文件一般不能只供一种输出设备专用，例如，显示用 16 点阵字库也可以用来打印汉字，这时候，从字库中读取一个汉字的点阵数据以后，必须经过格式转换，才能传送给打印机。

4）音频和视频信息编码

音频信息是处理声音所需用的信息，视频信息是处理图像时所需用的信息，这些信息都是多媒体计算机中所处理的信息。

在一般声像设备中，声音信息和图像信息都是用模拟量表示的，但计算机不能识别模拟量，只能处理数字量。因此，在音频信息和视频信息进入计算机之前应先转换为二进制的数字量。这项工作由计算机的声频接口板（图 43）（即音频卡）和视频接口板（即视频卡）来完成。反之，由计算机输出的音频信息和视频信息也先要将二进制数字信息转换成音频和视频模拟量信息，然后，再传送给声像设备进行播放，这种转换任务也由音频接口板或视频接口板来完成的。这些转换均由计算机自动完成，无需人工干预。

神奇的电子世界

图 43

　　在学习了二进制数及其编码技术之后，下面让我们看一看计算机内部结构。概括地说，计算机是由两大部分组成的，这就是硬件系统和软件系统。硬件系统和软件系统又各自包括许多内容。

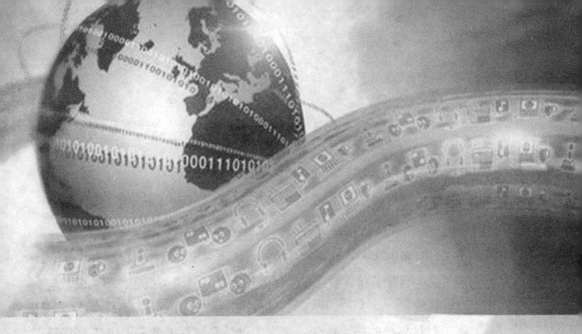

Part 3
电脑与网络

　　网络原指用一个巨大的虚拟画面，把所有东西连接起来，也可以作为动词使用。在计算机领域中，网络就是用物理链路将各个孤立的工作站或主机相连在一起，组成数据链路，从而达到资源共享和通信的目的。凡将地理位置不同，并具有独立功能的多个计算机系统通过通信设备和线路而连接起来，且以功能完善的网络软件（网络协议、信息交换方式及网络操作系统等）实现网络资源共享的系统，都可称为计算机网络。

因特网的诞生

电子计算机诞生于充满火药味的第二次世界大战后期。1946 年，世界上出现了第一台计算机，它还没来得及给平民百姓带来福音，不久便被应用于军事领域。

美国对计算机的感受最深，曾饱尝过信息滞后的苦头。1941 年华盛顿时间 12 月 7 日下午 1 时 20 分，日军成功地偷袭珍珠港，（图 44）给美国海军以致命的打击，美军损失惨重。事实上，当日早晨华盛顿的美国海军通信谍报处就截获了日本的情报，但给参谋总长、白宫总统打电话，都未能及时联系上。全军紧急戒备的指令从美国西部拍发，经无线电公司几经周折才转到夏威夷方面指挥官手中，这时偷袭珍珠港已发生

图 44

七个半小时，贻误了战机。五年后，当世界上有了第一台计算机时，美国就发现了它的军用价值。第二次世界大战结束后，美苏两个超级大国进入了冷战时期。20 世纪 60 年代末，为了防备可能受到的袭击，美国国防部委托科学家开展一项研究，研究的主要内容是在受到核打击后，仍能有效地实施军事控制和指挥的技术与网络结构。为提高抵御战火破坏的能力，美国国防部项目研究局着手建立一个实验性网络，它把原先高度集中的军事机密分别存放或复制在不同的计算机中心，然后将它们连成网络。这样，即使某个计算机中心或某条线路遭到破坏，整个网络仍能保持正常的通信工作。这种网络是分散的和无中心的，网络上的每一个节点都可以成为指挥控制中心，都具有产生、接收和传送信息的能力。网上的信息在一个节点被分解为"包"并进行编号，传送到另一个节点后，再进行组装，还原为原来的信息。这样，信息被分解为包以后，每一个信息包都可以通过不同的路径进行传输，即使某些节点或通信线路被摧毁，信息包仍可以通过其他路径传输，信息仍然可以传送到目的地，从而避免整个网络瘫痪，这就是打不烂的网络。根据这个设计思想，美国防部高级研究计划局建立了阿帕网，当时它仅连接了四台计算机，供科学家和工程师们进行计算机联网的实验，这个最简单的计算机网络

图 45

就是因特网的前身。后来，美国国家科学基金会（NSF）资助并租用了电信公司的通信线路，将全美五个超级计算机（图 45）中心连接起来，建立了 NSNET。经进一步升级和提速后，NSFNET 对公众进行开放，成为因特网最重要的主干网。

ALTO 与 Ethernet

1971 年，泰勒担任施乐帕洛阿托研究中心（PARC）主任。他和同事——软件专家巴特勒·兰普森计划设计出实用的个人电脑，并且每个都具有全部分时系统的能力。新的计算机叫做 ALTO。从一开始，它的目标就是成

神奇的电子世界

为强大的个人计算机系列中的一员，并在一个使用相同的数据包联网方案的网络中连接在一起，这种方案已经为 ARPANET 设计好了。6 个月后，第一台 ALTO 竣工了，它使用一个鼠标（图 46）作为输入设备，并且具有所谓的"位图显示"。这台机器第一次使用了图标（Icon）的概念，即窗口的缩微图像，它将允许它在另一个窗口工作，而如果需要的话，又可以立即进入缩小了的窗口。输入方法是 ALTO 的操作系统的另一个主要创新。用户可以同时使用鼠标和键盘，控制光标使它移动到屏幕上的任何地方。鼠标按钮的各种组合执行不同的任务，但是这些组合与各种应用程序是一致的。菜单按钮一般显示在屏幕上，用

图 46

户可以单击它们来启动命令。滚动条被安排在顶部或者窗口的边上，既允许在文件文档中顺序移动（或沿着图像移动），也能够跳到另一个区域。以前的计算机从未实现这样复杂的操作。

随着位图复合屏幕的问世，它能够创建一种名为"所见即所得"（What you see is what you get）的功能，缩写为 WYSIWYG。这意味着文档在屏幕上显示的与打印出的结果完全一样，再也看不到任何神秘的格式代码。而且它可以立即试验不同的视图获得图像，并同时在屏幕上显示两个不同的部分。ALTO 代表了 20 世纪 70 年代初极为进步的计算机系统，正是这种面向图形的机器给史蒂夫·乔布斯和比尔·盖茨都带来了灵感。

为了让一切能够打印，兰普森提出了第一个文本编辑器，它显示的字与最终的打印结果完全一样。这个编辑器的名字叫 Bravo，是与查尔斯·西蒙尼共同设计的。这个产品后来成了微软字处理软件 Word 的基础。虽然作为个人"台式"系统失败了，ALTO 依然是一项业内领先的成就。到1975 年，它成了单个计算机的完整的计算系统，所有计算机都与文件服务器（存放文件的场所）通过网络连接，并都能够生成激光印字机（图 47）质量的输出。PARC 的计算机专家们在最新技术上领先了多年，他们已经

为下一个十年的计算方向预先做了大量工作。

计算机上产生并首次实现网络系统。这一网络方案是建造 ALTO 计算机的目的。这一系统被称为以太网（Ethernet）。

图 47

从 ARPANET 到 Internet

1974 年，斯坦福和加州大学洛杉矶分校的一帮 ARPANET 的主要承包商开始研究对网络进行新的设计。他们创建的传输控制协议（TCP）是重新设计的关键。这一协议能够在任何操作系统上运行，所以允许完全不同的计算机加入网络，它的三位主要作者是史蒂夫·克罗克、鲍勃·卡恩和温顿·赛夫。该协议经过了无数次重写，到 20 世纪 80 年代初，ARPANET 终于正式转换到 TCP 上，也终于演变成连通全世界的 Internet，这就是因特网的诞生之日。保密的 ARPANET 系统逐渐让位给一个蔓延开的主要为学术性的网络，它是由互相连接的站点组成的，任何人只要有一个路由器就可以加入。它的名字也变成了"因特网"（Internet）（图 48）。从使用者的角度看，因特网是一个庞大的计算机网络，它将很多独立的计算机通过通信线路连接在一起；从技术上看，因特网是一个"网络的网络"，它将很多小的计算机网络互相联接。Internet 中的"Inter"英文意思为"互联"（不是 International，国际），所以，Internet 被称为互联网，也称为网际网，或因特网。它是指一套标准、规范和系统，可以使全世界范围内的计算机互相影响、共享软件和数据。它采用了一种先进的计算机通信协议——TCP/IP 协议。"包交换"的信息传输体制和将各种各样协议的网络进行"互联"的机制，是这个协议两个最基本

图 48

的特征。TCP/IP 几乎成为了因特网的代名词。因此，当 1983 年 TCP/IP 协议成为 ARPANET 的通信协议标准时，因特网便诞生了。

因特网的魅力

因特网的发展，为我们带来了极大的方便。昔日有"秀才不出门，能知天下事"，而在今天，因特网正影响和改变着我们生活的方方面面，不仅能知天下事，更是"闭门家中坐，馅饼送上来"。在 Internet 上，蕴藏着丰富的信息资源。随着网络的不断完善，人们需求的增加，网络资源将会更丰富、更充实。这正是各界人士重视网络发展的原因之一。

随着社会的发展，人们的物质生活越来越丰富，而人们对精神生活的要求也越来越高，于是，因特网走进了千家万户，"网虫"的数量与日俱增。不可否认，因特网给人们带来了许多方便。网上咨询、网上购物、网上读书、

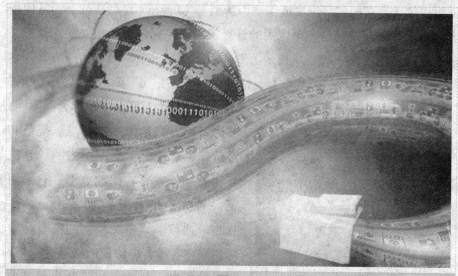

图 49

第三章 电脑与网络

网络学校等等，使人们不再四处奔忙，坐在电脑前轻轻按几下鼠标，"噼哩啪啦"打几个字母，信息马上会展现在面前，这正是因特网的魅力所在。在铺天盖地的各种传媒有意无意的吹捧之下，因特网（图49）已逐渐成为无所不能的象征，并不停地向人们展示其魅力：你只要花费了足够的时间和金钱去上网，就几乎能在因特网中找到你所梦想的一切，包括新闻、信息资料、商业情报、软件、朋友、音乐、娱乐甚至美金。如果你想在因特网中寻找什么而实在找不到的话，那么最可能的原因是：你所做的努力还不够。于是一批又一批的人们为了实现梦想，或为了逃避现实，心甘情愿地自投罗"网"，将自己蛰居于室内的某一灰暗的角落中，让自己被这张无形的网所"笼罩"。

任何东西也无法与因特网在21世纪的作用相比。图书、商品、票务，所有这些现在都可以通过因特网方便地订购。仅仅十几年，网络就跃成21世纪最强大的独立通信手段。随着数据包在公司之间以及因特网上的穿梭，网载信息已经大大超过了声音通信，成为电信世界最重要的通信业务。网络在股票市场（图50）带动了几十亿美元的价值，并且为各行企业家创造了一个新的广阔的竞技场。

图50

网上聊天与交友，吸引着众多网民。现在，许多网站都开辟主题聊天室，让志同道合者围绕某个主题聊天。聊天者可以化名上网聊天，很适合一些人又想交友，又想保护隐私的特点，因而大行其道。早期的聊天者只能在键盘上输入文字进行交流，现在已发展到可以通过声音、图像进行交流。用户只需在计算机上装配声卡和麦克风，就能和对方通话。它比电话更胜一筹的是，对方可同时看到你上传的图像。

网上游戏是具有非凡魅力的娱乐活动。除了有青少年喜爱的声像俱佳的动态游戏，还有适合成年人的棋、牌类游戏。网上游戏与传统的电子游戏（图51）不同，传统的电子游戏是在人和计算机之间进行，而因特网上的游戏，则是在人和人之间进行。因特网起的只是连接作用，它将位于世界各地的对手或搭档联系在一起。游戏软件的安装及使用都十分简单，而且游戏极为逼真。

因特网将赋予人类无限丰富的创造性和想像力，给人类带来的福音是立体化的、全方位的，概括起来，主要有以下几方面的特点。

图 51

因特网充满商机

因特网是一条快捷的信息公路，轻巧地将世界"互联"起来，形成"商机勃勃"的良好局面。具体来讲，它还有如下几个方面的优势：

强大的促销功能。因特网实际上是一个强大的宣传促销工具。它利用文字或立体动画等形式，昼夜不停地向人们发布着商品信息，提供24小时的全天候服务。它不受时差和上下班时间的限制，宣传材料内容丰富，信息量大，便于制作修改和补充，上网费用低廉。与传统的大众传媒相比，促销成本大大降低。

良好的查询功能。因特网具有良好的接受查询和预订的功能，通过买方提供的信用卡号收款，能即时成交。传播到世界上任何角落的宣传材料，我们如果需要，在世界任何角落上网均可搜索到它。

减少了中间环节。通过网上直销可以越过批发商、零售商等多个中间销售环节，人们直接从网上购物，既节省了佣金和费用，又降低了销售成本。

节省了通信费用。使用电子邮件（图52）等方式与相关业务单位或顾客联系，代替电话、传真，节省通信费用。

达到了信息共享。在总公司与子公司以及业务密切的单位之间，在有较好的保密措施下，人们可以利用因特网建立起只供内部使用的局域网（Intranet），使相关单位之间做到信息共享，便于相互之间的联系、结算等。

因特网高速高效

谈到因特网的高速高效，最妙不可言的恐怕就是电子邮件了。电子邮

图 52

件比去邮局寄信简单得多，只要用键盘输入文字内容，再输入收信方的邮件地址，计算机网络就会自动把信送走。这是当今世界上最迅速、最高效、最便宜的远程通信手段。写信者已不需纸笔，只要望着屏幕，敲击键盘，文章反反复复修改，也不会留下丝毫的痕迹。信写好，不必找什么信封，也不必风尘仆仆奔邮局，也躲过了到邮局可能面临的尴尬服务……电子邮箱在朝你微笑，点击一下就"成功"了！

因特网拥抱生活

随着新世纪的到来，因特网也渐渐揭开神秘的面纱。因特网不再只是冷战时期军备竞赛的现代工具，也不再只是一部分人玩弄的"洋玩艺儿"。

因特网已经走进我们的生活，并渗透到人们生活的方方面面，与我们一道在拥抱着生活。

因特网（图53）已经走向千家万户，与人们的日常生活变得息息相关了。美国有一位百万富翁，在福克斯（Fox）

图 53

电视网络公司的"谁嫁给百万富翁"节目中，凭着自己的经济实力"招亲"，结果宣告失败。之后，他仍然没有死心，灵机一动又变换手法在国际互联网上发起了新一轮"招亲"攻势。为了表达他寻找"新娘"的决心，他告诉节目主持人说："我要成为一名真正的新郎"。这一次，他成功了！他的招亲信息刚刚在网站上公布，就引来了众多网迷的"围观"。一天之内"应征"者竟达300多人！

是的，因特网将千千万万的网民卷进了生活的漩涡。

Internet是一个信息的海洋，但这些信息存放在什么地方呢？实际上，这些信息是存放在世界各地称为"站点"的计算机上。各个站点由拥有该站点的单位或个人维护，上面的信息即是由维护该站点的单位或个人发布，这些信息通过一定的编辑整理体现在浏览器（图54）里的页面（称为"网

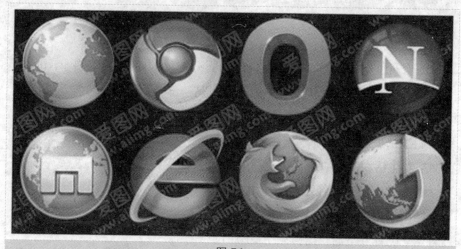

图54

页"）当中。

　　Internet 的域名系统是为方便解释机器的 IP 地址而设立的。域名系统采用层次结构，按地理域或机构域进行分层。书写中采用圆点将各个层次隔开，分成层次字段。在机器的地址表示中，从右到左依次为最高域名段、次高域名段等，最左的一个字段为主机名。例如，在 bbs. dlmu. edu. cn 中，最高域名为 en，次高域名 edu 为，最后一个域为 dlmu，主机名为 bbs。

　　为了区别各个站点，必须给每个连接在 Internet 上的主机分配一个在全世界范围惟一的 32bit 地址，这个地址即称为 "IP 地址"。在网络中，我们经常会遇到 IP 地址这个概念，地址的结构使我们可以在 Internet 上很方便地寻址。IP 地址通常用更直观的、以圆点分隔号的 4 个十进制数字表示，每一个数字对应于 8 个二进制的比特串，如某一台主机的 IP 地址为：128. 20. 4. 1。

　　Interne IP 由 InterNIC（Internet 1Network InformationCenter，Internet 网络信息中心）统一负责全球地址的规划、管理；同时由 InterNIC，APNIC，RIPE 三大网络信息中心具体负责美国及其他地区的 IP 地址分配。通常每个国家需成立一个组织，统一向有关国际组织申请 IP 地址，然后再分配给客户。

　　为了避免 IP 地址的冲突，你必须向 InterNIC 申请一个 NETWORKID（网络 ID），也是你整个网络所使用的 NETWORKID，然后再给每一台主机分配一个 HOSTID（主机 ID）（图 55），这样每个主机都会有惟一的 IP 地址。

　　当然，如果你的网络不与外界通信，那么你可以随意地指定

第三章 电脑与网络

NETWORKID），但各主机的 IP 地址不能相同。

IP 地址目前主要分为三大类（A，B，C）以符合不同规模的网络见下表。大型网络可使用 A 类，中等规模的网络可使用 B 类，小型网络可使用 C 类。

因为 IP 地址（图 56）共占 4 个字节，我们用 W．X．Y．Z 来表示。

· A 类

NETWORKID 占用一个字节，但只使用其中的 1 ～ 126 数值，因此只可以提供 126 个 A 类网络，而 HOSTID 占用 3 位，共可提供 16777214 台 HOST（全部为 0 和 1 的不可使用）。A 类地址早已经被申请完了。

图 55

图 56

· B 类

NETWORKID 占用两个字节，但 W 只使用其中的 192 ～ 223 数值，共可提供 16 384 个网络，而 HOSTID 占用 2 位，共可提供 65 534 台 HOST（全部为 0 和 1 的不可使用）。

· C 类

NETWORKID 占用三个字节，但 w 只使用其中的 128 ～ 191 数值，共可提供 2097152 个网络，而 HOSTID 占用 1 位，共可提供 254 台 HOST（全部为 0 和 1 的不可使用）。

NETWORKID127 用来做循环测试用，不能做其他用途，例如传送信息给 127．0．0．1，实际是传给自己。

W．X．Y．Z 中如果出现 255，表示为广播。例如传送信息给 255．255．255．255 表示送到每一台 HOST。如传送信息给 168．95．255．255，表示信息送到 NETWORKID 为 168．95 的每一台 HOST。

第一个数字 W 高于 233，因为它们保留给 MULTICAST 供实验用。最后一个数字不可为 0 或者 255。

域 名

由于 IP 地址这些数字比较难记，所以有人发明了一种新方法来代替这种数字，即"域名"地址。域名由几组英文字母或数字组合而成，并分别代表一定的意义。如 www．dlmu．edu．cn，其中 cn 代表中国（China），edu 代表教育网（education），dlmu 代表大连海事大学（Dalian Maritime univer- sity），www 代表全球网（或称万维网，World Wide Web），整个域名合起来就代表中国教育网上的大连海事大学站点。域名地址和用数字表示的 IP 地址实际上是同一个东西，只是外表上不同而已，在访问一个站点的时候，你可以输入这个站点用数字表示的 IP 地址，也可以输入它的域名地址。这里就存在一个域名地址和对应的 IP 地址相转换的问题，这些信息实际上是存放在 ISP 中称为域名服务器（DNS）的计算机上，当输入一个域名地址时，域名服务器（图 57）就会搜索其对应的 IP 地址，然后访问到该地址所表示的站点。站点地址可以在有关计算机的杂志（图 58）、报纸和书籍上找到，在 Internet 上有更多站点地址的信息。从现在开始您就可以搜集一些你感兴趣的站点域名地址了。

图 57

Internet 域名是 Internet 网络上的一个服务器或一个网络系统的名字，在全世界，没有重复的域名。域名的形式是以若干个英文字母或数字组成，由"．"分隔成几部分，如 so-hu．com 就是一个域名。

第三章 电脑与网络

许多通信标准，用来规范各计算机之间如何通信、如何进行网络连接。以
TCP/IP 为协议通信的网络，每台主机都有一个或者多个 IP 地址。它不但
可以用来识别主机，而且还包含许多网络控制信息。

　　TCP/IP，提供了一种域名系统 DNS（图 59）（Domain Name System）
是域名解析服务器的意思。它在因特网的作用是：把域名转换成为网络
可以识别的 IP 地址。它为每个 IP 地址提供了一个便于记忆的域名，如

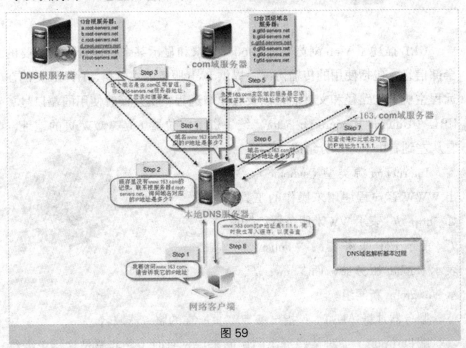

图 59

http：//www．sohu．com，我们上网时键入域名后，DNS 就会将它翻译成
IP 地址 61．135．132．6 让计算机识别。

神奇的电子世界

URL 描述了 Web 浏览器（图 60）请求和显示某个特定资源所需要的全部信息，包括使用的传输协议、提供 Web 服务的主机名、HTML 文档在远程主机上的路径和文件名，以及客户与远程主机连接时使用的端口号。URL（Uniform Resoure Lo-cator，统一资源定位器）是 WWW 页的地址，它从左到右由下述部分组成：

Internet 资源类型（scheme）：指出 WWW 客户程序用来操作的工具。如"http: //"表示 WWW 服务器，"ftb: //"表示 FTP 服务器，"gopher: //"表示 Gopher 服务器，而"new: //"表示 Newgroup 新闻组。

图 60

服务器地址（host）：指出 WWW 页所在的服务器域名。

端口（port）：对某些资源的访问来说，有时（并非总是这样）需给出相应的服务器提供端口号。

路径（path）：指明服务器上某资源的位置（其格式与 DOS 系统中的格式一样，通常有目录 / 子目录 / 文件名这样结构组成）。与端口一样，路径并非总是需要的。

URL 地址格式排列为：scheme: //host: (port) / (path)，例如 http: //www. sohu. com/domain/HXWZ 就是一个典型的 URL 地址。

自从 20 世纪 80 年代出现个人电脑以来，信息技术迈着快捷而又坚定的步伐迅速走进我们的生活。从 1988 年起，尽管因特网的数据传送速度还很慢，尽管大量用户还是通过几乎是难以忍受的电话线拨号联入因特网 (Internet)，然而，迫不及待的人们还是积极涌入这个新的领域。毕竟，通过因特网可以很方便地和亲友通信，可以获取大量的信息；当然，在此之前还需要掌握一些小的技巧。这一切，从 1993 年开始突然发生了更加惊人的变化。通过因特网所看到的不再仅仅是文字，还有图片，现在又有了声音和动画，甚至还有电影。使用因特网也不必事先学习那些枯燥乏味的电脑命令和术语，甚至可以根本不懂电脑，可以不熟悉如何用键盘打字，只要用一只手来操纵一个小小的鼠标，（图 61）在非常直观的图标上点几下就能把丰富多彩的世界展现在眼前，世界真的变得更加美丽了。

图 61

很多人无数次听说过 Internet，但却从未有过接触，那么对于初涉者来说，当然最先想知道的是：Internet 到底是什么？它对我们的生活又有什么用？

　　目前，遍及全世界的国际互联网，最初源自美国国防部的一个军事网络（图 62）。当初设计它时，并没有想到要把网络拉到全世界，只是单纯地希望如果有一天核战争爆发，能有一种网络在受到毁灭性攻击之后，仍然可以通行全世界，具有迅速恢复畅通的能力。

图 62

　　从 ARPANET 到 NSFNET，20 世纪 70 年代，美国国防部开始进行 DARPA 计划，开始架设高速且有弹性的网络，重点是当美、前苏联两地间的网络如果断线时，资料仍可通过别的国家绕道，到达目的地。而这项计划的成果就是 ARPANET。之后随着冷战的解冻，ARPANET 也慢慢开放给民间使用。但是美国基于军事安全上的考虑，另外成立了国家科学基金会（National Science Foundation），建立 NSFNET，专门负责全球性民间的网络交流，这就是美国的 INTER-NET，从英文上来说，Internet 与 INTERNET 是完全不一样的意思。INTERNET 指的就是美国的 NSFNET，也就是 Internet 国际互联网，单在美国的这个部分。Internet 则泛指"全世界"各国家利用 ICP/IP 通信协定所建立的各种网络（范围包括全世界而不单指某一地）。目前你使用电脑拨号上网，就是 Internet 国际互联网！

所有的服务都是通过 Internet 的吗？其实不是！出于安全性的考虑，有些资料，例如金融信息、电信业务、国家机密等通常不采用一般的 Infernet 网络传输。例如：电信的服务，因为资料量相当大，电信局通常会自己维护一个电信网络。同样，银行的财务系统也是独立的网络，通常是向电信局租用的。金融系统必须非常重视安全性与速度，如果接到 Internet 上的话，就可能会发生黑客入侵的现象，这样就可能会造成个人或银行财产上的损失。

其实世界上存在着各种不同的网络，并不仅限于我们所认识的

图 63

Internet。例如各银行间有自己的财政系网络；航空（图 63）业也有自己互通信息的网络；军事单位有战管的网络；先进的欧美国家，一直都有先进的网络技术在开发，这些也都是一个一个的网络。"国际互联网"在其中只是一个规模最大、最热门、也是最开放的一个。Internet 是一组全球信息资源的名称，这些资源的量非常大，大得不可思议。不仅没有人通晓 Internet 的全部内容，甚至也没有人能说清楚 Internet 的大部分内容。

Internet 不仅是一个计算机网络，（图 64）更重要的是它是一个庞大的、实用的、可享受的信息源。同样也可

图 64

以把 Internet 当做一个面向芸芸众生的社会来理解，世界各地上亿的人可以用 Internet 通信和共享信息资源，可以发送或接受电子邮件通信，与别人建立联系并互相索取信息，在网上发布公告，宣传你的信息，参加各种专题小组讨论，免费享用大量的信息源和软件资源。因此，Internet 远非一个计算机网络或者一种信息服务所能比拟的。Internet 证明，当人们能自由、方便地通信时，他们将变得社会化，变得无私。

Internet 的重要性在于它能完成大量的数据远程传输并能远程索取信息。信息本身是很重要的，它能提供公共服务、娱乐和消遣，但最重要的还是人。Internet 是第一个全球论坛，第一个全球性图书馆。任何人、在任何时间、任何地点都可以加入进来，Internet 永远向你敞开大门，不管你是什么人，总是受欢迎的，无论你是穿了不适合的衣服，还是有色人种，或者宗教信仰不同，甚至并不富有，Internet 永远不会拒绝你。有人会调侃：Internet 的工作如此之好，究其原因是不存在领导者，是的，有这方面的因素。难以置信的是，Internet 上没有任何人"经管"，没有人担任主管，没有单独的机构付费用，没有法律、没有警察也没有军队。Internet 中没有伤害人的方法，但有许多帮助人的办法，或许在这种情况下，人们才能自然学会怎样与人相处。当然，人们免不了会有争论。我们应该相信的是：在历史上第一次有这么多的人能够如此方便地相互通信。我们也发现，爱交谈、乐意帮忙、好奇和体谅别人正是人的本性所在。

这就是 Internet。

信息高速公路

对功能如此强大的国际互联网，而我们的体验却只在你的一台计算机上。当然，你的计算机功能越强，你的体会越深刻。那么，是什么使世界

图 65

上如此多的计算机连接到一起的呢？是信息高速公路！

什么是高速公路？

高速公路（图 65）是专门建设的车辆通行能非常通畅的全封闭式公路，是路面要求高、行车速度快（在 80 公里以上）的专供各类高速汽车通行的公路。而信息高速公路（图 66）是全封闭的、可高速（目前已达 Gbps 数量级的速度）传输多媒体信息的传输介质（光纤或铜线）。虽然二者都是遍布全国、全世界，与人类生活密不可分的，但它们又是完全不同的两个事物。

在国外，以美国为代表的发达国家骨干信息高速公路正向超高速和超大容量的方向发展，高达 160Gbps 的波分复用系统已投入使用。以 Internet 为代表的网络应用向着数据、话音、图形图像综合多媒体的大信息量飞速发展。作为网络用户一侧的终端——PC 机的处理速度也在突飞猛进的发展，用于连接网络与用户、承载网络应用业务的信息高速公路及其具有承载功能的接入技术必然向着宽带化、IP 化的方向迅速发展。

图 66

在我国，近几年来，信息高速公路也得到迅速发展。2000 年开通的 40Gbps 东部高速公路就是一个例证。经过 1999 年 8 月到 2000 年 10 月的紧张工作，2000 年 10 月 28 日 CNCnet 已完成全长 8490 公里，106 个中继站，17 个节点，贯通了我国东南部的信息高速公路，共计连接 17 个城市：北京、天津、济南、南京、上海、杭州、宁波、福州、厦门、广州、深圳、长沙、武汉、郑州、石家庄、合肥、南昌。网络总传输带宽达每秒 4 万兆位（40Gbps）。CNCnet 的时延小于等于 80ms，小于 Uunet 的时延 85ms 的指标。这说明，

第三章　电脑与网络

CNCnet 的网络性能在国内外已经处于领先地位。CNCnet 建设采用最新的 DWDM 技术，使用目前世界上最新水平的 G．655 光纤，从而使网络达到低成本、大容量和多品种应用。网络对外具有开放的、灵活的多种类型接口，便于各类高速设备连接入网及宽带专线用户的连接。

新一代通信网络 CNCnet 可承载数据、话音、图象、传真和各种智能与增值服务在内的综合通信业务，可实现各种业务网络的无缝连接。我国接入国际互联网的高速公路和国内信息高速路一样，速度逐年提高。

2001 年以后发展更快，如中国四大网络之一的 ChinaNET，国际出口速度已达到 5724．MB。

怎样上信息高速公路

信息高速公路的连接方式是多种多样的，而且，由于新技术层出不穷，新的连接方式还在不断的出现。

利用电话线拨号接入

其所需要设备为一个调制解调器，（图 67）一根电话线和相应的拨号通信软件。在这里，电话线（图 68）作为信息高速公路的接入部分。

目前的电话线路通信速率可以从 300bps 到 128kbps：

低速率在 300bps 到 9600bpsc，

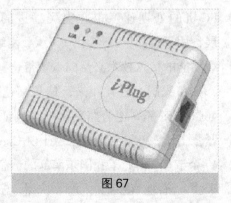

图 67

在低速率下传输电子邮件或文字信息是完全可以的。高速率在 9600bps 到 56kbps。在高速率下，用户可以享受 Internet 上的全部服务，传输的信息可

图 68

以是文字，也可以是图形或语音。当前，一般都用 56kbps 的调制解调器。

随着网络的迅速发展，网络上信息的快速增加，特别是多媒体信息的增加，用户普遍感到 56kbps 速度太慢，而且，一条电话线打电话和上网不能同时进行。人们需要更快的上网连接方式。

利用现有电话线采用 N–ISDN 方式可达到 128kbps。N–ISDN 方式是通过现有电话线上进行终端改造以实现数字传输的技术，不需增加线路投资，最高可达到 128kbps（使用两个 B 信道）的传输率。使用两个信道时，可以做到电话上网两不误。

利用电话线以 ADSL 方式上网

ADSL 技术是在普通电话线（普通双绞线）上充分利用双绞铜线的频带传送数据信号的一种数字用户线，即使用电话线，同时用来传输电话的模拟信号和计算机的高速数据的技术。ADSL 技术采用不对称传输方法：下行（指电话局到用户）信息带宽比较宽（最高可达 8Mbps），上行（指用户到电话局）信息带宽比较窄（640kbps），这也符合一般用户使用互联网的实际需要，即一般用户下载信息量大，而向网上发送的信息量较少。

随着 Internet 技术的发展和以电话业务为主的数据业务的爆炸性增长，上下行速率"非对称"的 ADSI 以及改进的 ADSL—Lite 技术将被广泛的应用，它支持的主要业务是因特网业务和电话业务以及多媒体应用。这种方式的连接需要一对 ADSL 调制解调器，电话局端要有专门设备将数据信号和模拟话音信号分离出来，以分别处理。

ADSL 最大的特点是无需改动现有的电话铜缆网络就能提供宽带（可达 2M ~ 8Mbps）业务。因此，它将成为原有电信公司开展宽带网络业务的主要手段。

专线接入技术

专线接入的方式较多，现选几种主要方式介绍如下。

1）DDN 数字专线方式

DDN 是利用光纤（图 69）（或微波和卫星）等设备组成数字数据业务网，为用户提供 DDN 数字专线，进行永久性的或非永久性的专线连接。这种方式通信具有速率高（1.2kbps ～ 2Mbps）、误码率低、传输带宽、传输延迟短等优点。使用 DDN 专线需

图 69

提前申请租用专线，配置一台 TCP/IP 路由器，为自己的主机申请 IP 地址，上网后享受 Internet 全部服务。

2）ISDN 方式

ISDN 方式是通过在现有电话线上进行终端改造以实现数字传输的技术，不需增加线路投资。按技术指标它可分有两种：窄带 ISDN（N–ISDN）和宽带 ISDN（B–ISDN）。N–ISDN 主要用于速率为 128kbps 以下的业务。B–ISDN 可利用 20B+D 技术传输率最高可达到 2Mbps。

3）以太网络光纤专线接入

图 70

利用以太网络系统把一个局域网络系统（图 70）（局域网络系统可以是一个单位、一栋大楼或一个院落等）接入另一个局域网络系统或接入广域网的连接方式称以太网络专线接入。这种接入方式与连接距离、采用光纤种类和采用的传输技术有极密切的关系，连接合理，连接速率可以与所连接的局域网络系统相同。光纤专线接入的造价与所连接的用户数量有直接关系，不管是租用线路还是自己布线。

用户少，则初期费用比较高，如果用户数量多，初期费用比较低，但进行长久式经济核算，就相当便宜了。

4）微波方式

由于微波方式无须铺设地面通信线路，因此，灵活性强，成本低，使用方便，适用于通信线路难于架设的情况。其缺点是易受外界的干扰（天线错位、新建筑物阻挡等）。

5）帧中继方式

它是一种快速分组交换技术，由高速传输设备和交换机来实现共享网络的统计多路复用。其传输率一般为 64kbps ～ 2Mbps，非常适用于数据处理突发业务的用户。

6）卫星方式（ISBN 方式）

其架设方便灵活，覆盖面大，带宽较高，投资不是很高，是一种较好的通信方式。其缺点是可靠性不很高，有较大的固定传输时延。

HFC 及 Cable modem 技术

该技术利用有线电视（图 71）的中光纤和同轴电缆混合网（HFC）。由于用户端仍用同轴电缆，故可采用 Cable modem 技术进行数据传输。

HFC 和 Cable modem 技术的数据传输是非对称性的，它的下行数据传输速率可以达到 30 ～ 40Mbps，上行

图 71

数据传输速率可达 10Mbps。这种方式要求有线电视网改造为可双向传输信息的网络系统，因为电视网只有下行，是单行网络系统。我国有的城市已经使用有线电视网，实现了"三网合一"（电视网、电话网和计算机网合一）。

宽带无线接入技术

这是一种具有广泛应用前景的技术，一旦无线宽带（图 72）网络的环

境能够建成并投入使用，那么人们随身带的移动设备就不必再有沉重的硬盘之类的存储器了。大量的信息将储存在你的网络服务器中，无线宽带使你可以随时随地地调用它们。

图72

一位正在上班开会的女性的掌上电脑显示，原来她的小儿子放学以后有活动，赶不上班车，需要妈妈接他。于是这位女性马上发出信息给已经下班正走在路上的丈夫，通知他直接去学校接他们的儿子。同时，她重新设定了家中厨房微波炉和烤箱的工作时间，好让丈夫和孩子进门可以正好吃饭。瞧！这就是宽带无线网带来的方便。这一切都是在宽带互连环境下达到的。只有足够的带宽才能保证每个人都可以自由的、随时随地联系别人或被别人找到。

随着Internet在全球范围内的高速普及以及多媒体技术的飞速发展，人们对宽带接入服务的需求也越来越大。以IMDS和MMDS技术为代表的宽带无线接入技术以其初期投资小、组网灵活和建设速度快等特点越来越受到众多运营商，特别是新运营商的重视。

LMDS技术（Local Multi-point Distribution Service本地多点分配业务）是近年来发展起来的一种宽带无线接入技术。该技术工作在20GHz～40GHz频段内，可提供2Mbps、32Mbps甚至高达155Mbps的宽带数据的业务，并具有很高的可靠性。

MMDS技术（Multi-channel Multi-point Distribution Ser-vice多信道多点分配业务）。它的工作频段为2GHz～4GHz，这个频段资源比较紧张，所以，其应用比LMDS要少。

光纤到户（FTTH）的计算机网络系统

光纤（图73）到户是网络用户上网的彻底解决方案，前面几种方案都是因为计算机网络力量和资金问题不得不考虑利用原有线路"附带"传输数据。因此，其高速和带宽问题都有一定局限性。但计算机网络的光纤到户后，反过来，它在作数据传送的同时还可取代现有的电话线和电视线。如果计算机、电视和电话联手把光纤连接到户，研究出一般家庭能够接受的光纤接入设备。可以肯定的是电视也要走数字化之路，多媒体信息时代将展已经在我们面前。

图 73

蓝牙技术

你知道"画中人"的神话故事吗？故事说的是：有一个光棍庄稼汉，劳累一天回到家里，发现饭菜都准备好了，后来才知道是墙上图画中的"美眉"所为。在蓝牙技术出现后的今天，我们可以把古代的神话变成事实。你住在装备有蓝牙技术大厦里，微波炉在你回家的路上就自动为你做好饭了，洗澡水在你到家时也刚刚热好，窗帘也正在自动拉上，一封柔情蜜意的情书正在打印机（图 74）里打印——当然，像神话一样，你也没有看见"美眉"。

在现代家庭中，信息电器的种类和数量的急剧增加，为近距离（10 米左右）无线传输的蓝牙芯片提供了用武之地。"蓝牙"可以像手提无绳电

图 74

神奇的电子世界

话的子母机那样把专用半导体蓝牙芯片装入机器中，无需电缆就可以高速连接个人电脑、移动电话、数字相机、打印机、扫描仪、电视机、空调机、洗衣机等等家中的全部电器设备，在家中形成一个可方便使用的信息电器间的个人"无线微网"，这个"无线微网"与因特网自动连接。为办公和家庭用户提供方便，并可派生出来许多新的服务功能。蓝牙技术是1998年提出的，2000年8、9月间，美国在华尔街建成了第一个"蓝牙"宾馆。北京在2001年9、10月间在公主坟附近建成我国第一座"蓝牙"大厦。

"蓝牙"这个奇怪的名字是怎么来的呢？原来公元10世纪时，丹麦有一个国王，他本来是一个海盗，后来他统一了四分五裂的国家，如同中国的秦始皇。这个海盗爱吃蓝梅，牙齿经常被染成蓝色，由此得了个"蓝牙"的外号。蓝牙技术最初是瑞典一家通讯公司爱立信提出的，为了让这种技术的名字含有"一统天下"的意思就取了"蓝牙"这个名字。

在具有"蓝牙技术"的大厦里办公，你会享受蓝牙技术带来的一切便利，如果你提着笔记本电脑（图75）进了办公室，想立刻打印笔记本电脑里的一篇文章，而不用做任何连线，"蓝牙"办公室内的打印机就可以帮助你把文章打印出来。如果你的家里也使用了"蓝牙技术"，在办公室里的电脑屏幕上就可以看到家中小保姆是如何照

图75

料你的孩子的。你在工作休息的片刻使用你的笔记本电脑给家里信息中心发一条指令，让它从网络上下载一个菜谱，信息中心根据菜谱向冰箱查询原料是否满足要求，如果不能满足要求，冰箱会自动通过国际互联网向电子商务公司发出定单，所缺材料送来后，信息控制中心则向其他自动化设备发出指令，调好各种配料，放入微波炉，自动启动设备开关……。当你下班到家时，美味佳肴就放在你的面前了。当然，在你进餐时，音响设备（图76）会自动播出你喜欢的音乐。

图 76

在 2001 年东京的一次移动电话展览会上，松下公司推出一款带"蓝牙"芯片的移动电话。它可以在 100 米之内实现电脑与手机的无线数据交换。

"配备蓝牙功能可以将书写在纸上的图表及文字即时传送到个人电脑上"，"可以用橡皮擦去"、"在被水浸湿的纸上也可书写"的圆珠笔已经进入实用阶段。采用这些最新技术制作的文具在"第 12 次国际文具、纸制品事务设备展 ISOT2001"（至 7 月 14 日在东京 Big Sight 举办）上展出。

蓝牙笔采用了瑞典技术。

Kokuyo、三菱铅笔、Pilot 展示了配备蓝牙的圆珠笔。这些公司展示的圆珠笔均利用瑞典 Anoto 公司开发的"Anoto 纸"和"Anoto 笔"技术。它可以将使用 Anoto 笔书写在专用纸张（Anoto 纸）上的图表及文字经由蓝牙传送到个人电脑中。

该产品的原理如下：在 Anoto 纸上每间隔 0.3mm 标有小点，另外以每 2mm 的方形面积为一组，每组的小点分布图形都不相同。Anoto 笔内置的普通的圆珠笔笔尖用于读取记录在 Anoto 纸上小点的红外线照相机和识别图像的处理器，笔内配备有内存、蓝牙通信设备等。Anoto 笔使用内置的红外线照相机以每秒 100 次的频率读取 Anoto 纸上小点的配置图形，可判断出 "Anoto 笔现在位于 Anoto 纸的哪个部分"，同时，记录下笔尖的移动情况，并经由蓝牙传送到个人电脑上。由于笔尖的移动情况就是用户在纸上记录

图 77

的文字及图表的形状，因此，可以立即记录到个人电脑上。此次各公司展示的 Anoto 笔是由瑞典的爱立信公司采用 Anoto 的技术开发出的，Kokuyo 及三菱铅笔（图 77）等也于 2002 年下半年推出了 Anoto 笔和 Anoto 纸。

图 78

蓝牙技术实际上是信息高速公路的延伸，是国际互联网的扩充。

世界计算机网络是由信息高速公路把各个计算机和局域网连接在一起成为一个统一网络系统的。为什么信息高速公路能够如此可靠、快速地在世界范围内传送信息？这是因为信息高速公路使用了新的信息传输介质——光纤缆线。（图 78）

网 上 聊 天

随着上网人数的增加，越来越多的人加入到了网上聊天的行列。当网虫们以极大的热情体验着网上聊天这种天南地北、海阔天空的交流方式时，聊天室（图 79）的存在为我们提出了很多新的课题。

网上聊天究竟属于哪一种传播？对于与网络有关的现象来说，答案往往不是简单的 A 或 B。网络的出现，使得各种传播方式之间的界限模糊了，例如，人际传播与大众传播。尽管聊天行为又与以往的人际传播有很大不同，但总的来说，聊天室里的交流行为仍然是人际传播的范畴。但与此同时，也要用大众传播的眼光来看待诸如聊天这样的传播行为可能产生的社会效果。

图 79

早期的人际传播都是面对面的，随着交流技术的发展，人际传播也开始出现了间接传播的形式，例如书信、电报、电话、传真等。网络出现后，电子邮件、网上聊天等，又给人际传播提供了新的方式。与其他形式相比，目前网上聊天主要不是通过口头语言而是通过书面语言来进行的（当然，随着网络技术的发展，网上的口头交流将会得以普及），而与其他书面交流方式相比，网上聊天又没有它们所需要的延时，它是实时的。可以说，网上聊天兼有电话与书信的特点，但这种特点不一定是它的长处。

利用网络这一媒介还意味着人们不需透露自己的身份，人们的交流也往往带有偶然性。因此，我们可以看到，在聊天室人们往往会暴露自己的阴暗面，因为他们无须隐藏什么，人们也无须对自己所说的话负责。但这些交流过程所产生的影响却会比过去的人际交流的影响要大。

在聊天室里，人际传播的网络十分复杂。在一个多人参加的聊天室中，加入聊天的人数是可以动态变化的，人们之间的相互关系也可能随时发生变化。可以说，这是一个全通道型的交流网络，每个人都可以与参加聊天的其他人进行对话。这种结构是一种平等的交流结构，但它的效率也是比较低的。在聊天室中，人们谈话的主题时常会发生变化，人们的喜好时常发生变化，人们之间的结盟关系也往往是摇摆不定的，所以常常是几个小时过去，人们也没有达成什么共识。此外，由于人们一般对交流对象缺乏必要的了解，传播的目的也就不是十分明确，通常也无法选择合适的交流内容以及说服对方的手段。从传统意义上看，这种交流的效果是不能令人满意的。但也许这正是人们进入聊天室（图80）的乐趣之一。人们在聊天室中更看重的是过程而不是结果。这个过程对抱着不同目的上网的人们有着不同的意义：有人从中发现与自己兴趣相投的人，有人享受舌战群儒的乐趣，有的人可能只是为了解闷或发泄。而对于旁观者来说，他从别人的聊天中看到的，更像是类似于"头脑风暴"的过程，他从中得到的不一定

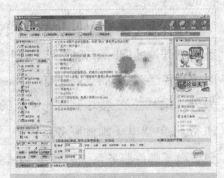

图80

是定论，而只是一些片断的启发。

　　在网上聊天中，一些人际传播的符号无法运用。人际传播的符号可以有语言符号（图81）和非语言符号两大类。其中非语言符号可以是面部表情、身体姿态、言语表情（如说话的语气、语调等）、个人空间（如谈话者之间的距离）等多种，但在网上聊天中，从目前的技术水平看，实际上非语言符号是无法施展的。虽然人们也发明了一些用以代表自己表情或感

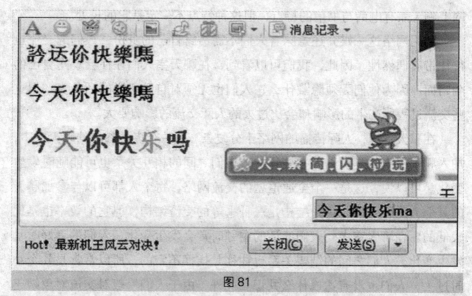

图81

情色彩的文字符号，但这与人们下意识中表露出来的体态与表情是不相同的。当非语言符号被语言符号所代表时，人们可能会有意识强化或掩盖自己的一些态度。

　　现在除了基于 Web 方式的 BBS 系统和 ICQ 之外，美国在线还拥有一种自己开发的即时聊天软件，名叫"AOL Instant Messenger"。其他提供"即时信息传递"服务的企业还有：Yahoo!、沃特·迪斯尼公司和 TribalVoice 公司。另外，微软正在致力于把一种新的"即时信息传递"软件增加到自己的 Hotmail 免费电子邮件服务系统中，而美国在线则准备在 ICQ 中增加一个免费电子邮件服务系统。另外，在国内也有多种类似 ICQ 的网上寻呼软件。如中文 PCICQ（www. pcicq. com）、OpenICQ（http: //www. OICQ. com / ），

新浪网的 SinaPager 和 WBP99a（www．chinamass．com）等。

BBS

（1）什么是 BBS

BBS 的英文全称是 Bulletin Board System，翻译成中文就是"电子布告栏系统"或者是"电子公告牌系统"，也就是"电子公告板"。不过我们还是最喜欢用 BBS 来称呼这个让所有网上朋友流连忘返的地方。国内第一个 BBS 站是于 1991 年建立的长城站，这时的 BBS 为 PCBBS。1995 年 8 月 8 日，建在中国教育和科研计算机网（CERNET）上的水木清华 BBS 正式开通，成为中国大陆第一个 Internet 上的 BBS。

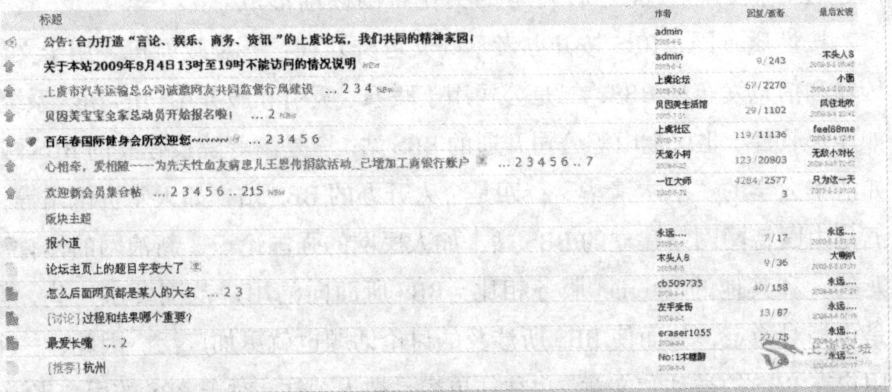

图 82

目前，基于 Web 方式的 BBS 系统非常流行，所谓基于 Web 方式的 BBS（图 82）系统，实际上是一种继承了 BBS 讨论方式的信息服务。Web 方式的 BBS 有许多优点：由于这样的 BBS 往往以因特网站点或主页的形式提供，这就使得它们更容易连接，不需要专门的 Telnet 软件，只要浏览器即可。它们是用 CGI 或 ASP 等程序编写的，可以在讨论文章中使用不同的字体符号并嵌入图像，丰富讨论区内的表达形式。BBS 在 Internet 的发展过程中扮演着十分重要的角色，即使在目前 Internet 技术得到不断的发展，WWW 成为主流技术的同时，基于 Telnet 技术的 BBS 仍然以其独特的魅力吸引着许多用户。

图 83

这种魅力是来自何处的呢？大概浓重的人文色彩（图 83）是它生命力的源泉，正是由于这种色彩和吸引力，使众多的用户沉迷其中。正像 BBS 的名字所描述的那样，它是一个"公告牌"系统，因此它具有开放性。各个行业和阶层的人们，通过 BBS 走到一起，他们自己提供着信息，也关注着别人提供的信息。这些信息可以是技术、经验、人生阅历以及生活中的甜酸苦辣。面对着计算机的屏幕，他们投入并且也获得信息，这便是 BBS 上独特的交流过程，同时也使得一种特有的文化氛围逐渐形成。

按性质不同，BBS 按开办者不同又可分几种：一是政府机关用于文件传输和信息发布的 BBS；二是公司用于联系、吸引和服务用户的 BBS 系统，如连邦软件、北京金山等公司开通的 BBS 站；三是高等院校建立的 BBS 网，如清华大学的"水木清华"；四是个人开办的 BBS 站，如天堂资讯站等；五是由因特网网站建立的 BBS 站，如人民网的强国论坛、新浪网的体育沙龙等。和其他的 Internet 服务相比，BBS 所面向的用户范围要小一些，但是也相对稳定，从而使 BBS 所涉及的讨论话题也就更加广泛。因此，一个用户在 BBS 的举动和文章，也往往更容易被人关注。对于 BBS 的用户来说，与他交流的并不是一个个冰冷的"to"，而是一个个具有鲜明个性的、血肉丰满的人，这正是 WWW 等服务所欠缺的。

（2）中国 BBS 的发展现状

①随着网络论坛（图 85）规模不断扩大，网络媒体、受众的突出作用和重要性为更多人所认识，有越来越多的网站尤其是新闻网站开设论坛。人民网是最早开设 BBS 的新闻网站，目前已经有新华网、东方网、南方网等许多新闻网站也开办了 BBS。

图 84

②论坛进一步多元化、细分化，为适应不同网友的不同需求，网络论坛出现大量专题论坛，为讨论者提供更为广阔的空间。若干年之后，也许任何一个人都可以在论坛群中找到自己感兴趣的话题。

③网络媒体论坛为了提供形式更加多样化、更优质的服务，在技术上包括硬件软件不断升级，提供有力的保证。让身在异地的嘉宾在论坛中与网友在线同步交流，已经不成问题。有的网站，网友通过 E-mail 发贴子，这作为一种有益的补充形式，有助于高质量高水平的言论出现，避免论坛成为"超级聊天室"。

④作为网络论坛的活动主体，广大网友素质不断提高，从而带动网络论坛整体水平的提高。大批网友长时间地广泛参与，他们中涌现出一批善于独立思考、有思想深度和见解的网络评论者。

⑤随着网络媒体（图 86）更深入的发展，网络媒体与其"母体"的互补性将大大增强，论坛的表现形式在网络中和在传统新闻传媒中的区别也不那么明显。为了充分发挥论坛的功能，网络与报刊、广播电台、电视台的相互渗透也更加深入。如央视国际网络"在线主持"，与 CCTV 电视节目实现互动，影响很大。

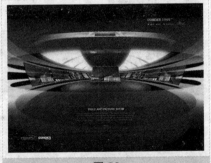

图 86

⑥网络论坛的管理者、领导者的竞争意识和精品意识越来越强，更好更有效地占领这一阵地，使网络媒体论坛成为各类论坛中的佼佼者。有些网站还推出了主持人，为论坛的深入发展提供了机会。

（3）中国较有影响的 BBS 站点

①时政类

a．人民网强国论坛（www.qglt.com）

人民网的强国论坛，被称为"最著名的中文论坛"，也称"中文第一论坛"。该论坛创办于 1999 年 5 月 9 日，是新闻网站中最早开办的网络论坛。由于人民网的特殊地位，也由于论坛的话题多为关系国计民生的重大问题，

"强国论坛"成为政府部门了解百姓呼声的重要窗口，并在很大程度上代表了中国人的言论自由度。

"八方风雨论坛，一片赤心强国"。强国论坛在充分依托人民日报网站的同时，论坛明确定位于讨论政治、经济、军事和外交等有关国家兴盛的话题。这样既确保了论坛的高品位，同时也吸引了大量关心国事的志同道合者。广大网友能够在这个论坛里献计献策，为我们祖国的繁荣昌盛贡献自己的聪明才智。

b. 新华网"发展论坛"（hattp：//forum.xinhuanet.com/frame.jsp）

图87

2001年2月28日，新华网（图87）开通了"发展论坛"和"统一论坛"，以发展论坛为主要版块，其下设经济话题、反腐法制、科教话题、军事话题、环保话题、体育话题、嘉宾在线。发展论坛有网友之间问候、聊天及版主与网友交流的帖子，一些帖子的讨论比较充分。2002年1月22日新华论坛开设了百姓话题，论坛编辑采用实名制主持讨论。

②经济类

和讯网（图88）和讯论坛（http：//forum.homeway.com.cn）。

和讯网和讯论坛是国内比较好的经济论坛。和讯论坛有"股市大家谈"、"和讯聊天室"、"股市擂台赛"、"期市论坛"、"汇市论坛"、"保

图88

险论坛"、"房产论坛"、"财经论坛"等版块。"股市大家谈"版块，汇集了一批素质较高的网上民间股评家，有一批高品质的股评文章。参与者有证券机构从业人员，也有中小散户。各网友在充分交流中互相学习共同提高投资技巧。和讯还有嘉宾聊天室，在每个交易日的中午、下午及晚上安排股评家及民间炒股高手与网友进行在线交流。

③法律类

中法网系列论坛（http：//www.chinalaws.com/bbs）。

中法网系列论坛为专业法律论坛，包括综合论坛、行业论坛（检察官论坛、法官论坛、律师论坛、警官论坛）、专业论坛（房地产论坛、行政法论坛、网络法论坛、知识产权论坛、国际法和国际关系、刑法论坛）、学术论坛（杨立新民商法论坛、杨立新虚拟法庭、杨立新网络法学院、黄进国际私法）、媒体论坛、英语论坛、个性论坛等七大类。

④文化类

a．人民网读书论坛（http：//202.99.23.237/cgi-bbs/ChangeBrd?to=13）

人民网读书论坛创建于1999年9月13日，其支持平台人民书城是国内读书类网站中的佼佼者。创建两年多来，吸引了来自世界各地的高水平网友。读书论坛定位于读书、学术、文化方向，尤其侧重发挥人民网（图89）的优势。曾先后邀请秦晖、崔卫平等著名学者做客论坛和网友交流，形成了很

图 89

好的讨论氛围，确立了自己学术阵地的地位。该论坛同时兼顾读书、文化和文学的方向，举办"闲谈读书"、"中国传统文化"、"电影欣赏"等系列专题讨论，具有很强的人气。

b．新浪金庸客栈（http：//www.newbbs4.sina.com.cn/index.shtml? arts：jinyong）

金庸客栈是新浪论坛人气最旺的论坛之一。金庸客栈集武侠艺术及文化于一身（含历史、文学、艺术、影视、哲学、社会学、心理学、精神分析学等），网友有来自不同国家和地区、不同年龄的人。由于人气旺，吸引了不同性格、性别和年龄的人，因此话题也十分广泛。

c．天涯社区（图 90）关天茶舍（http：//www.tianyaclub.com）

关天茶舍的文章以思想性和学术性见长，由于人气旺，讨论的氛围也不错。尤其值得一提的是，来这里的网友不乏国内著名的作家、学者，他们有些匿名参与讨论，有些就直接真名现身，这无形之中增强了论坛的影响力。

图 90

⑤教育类

中国大学论坛（http：//www.forum.netbig.com/ forum/linkCategory? id=005）

中国大学论坛由著名的教育类网站、网大创建，包括了北京大学、清华大学、南京大学、复旦大学、中国科学技术大学、浙江大学等全国几十所名牌大学的分论坛，论坛间相互独立，又非常和谐，人气很旺，主要以学生为主。论坛功能完善，界面友好，适合学生网友浏览。

⑥体育类

a．新浪体育沙龙（http：//www.newbbs4.sina.tom.an//in dex.shtml? sports：sports）

新浪体育沙龙是新浪论坛中人气最旺的论坛。这里的网友来自社会各界，中国队兵败金州的时候，体育沙龙资深网友老榕写的"金州不相信眼泪"

至今仍让人回味。

b. 人民网体育论坛（http：//www.192.168.0.79：9164/cgi-bbs/Change Brd? to=5）

人民网体育论坛是人民论坛的组成部分，依托人民网体育在线，经常邀请体育界的名人（如蔡振华等）做客论坛，具有很高的人气。它还开展一些类似评球等方面的专题讨论，遇到大赛事，通常利用论坛现场直播，充分发挥了体育类论坛的优势。

⑦军事类

舰船知识（图91）军事论坛（http：//www.forum jczs.sina.com. cn/fastbin/list.cgi？ __fid=1）

舰船知识论坛在军事类论坛中是最有影响的，由舰船知识和新浪网联合主办。论坛由海军论坛、空军论坛、陆军论坛、二炮论坛、信息战论坛和军事历史等几大部分组成。各论坛主题明确，结构合理，讨论气氛热烈，尤其是发生重大军事事件，这里的讨论气氛空前热烈。

Chat

在线 Chat（交谈）是利用 WWW 服务器特定的 CGI 程序，实现两个人

图91

第三章 电脑与网络

图 92

（或多人）通过浏览器实时地通过键盘交谈。需要注意的是，只有独享服务器和托管服务器（图 92）才能开聊天室。在聊天室里的这些好友名单中，有些聊天记录已经达到几百 KB 了，而有的可能就仅仅几句像"你好"、"你有空吗"等之类的话，有的则一句也没有。就像在一个写字楼上班的人一样，也许在乘坐电梯的时候见面，但是仅此而已，只是神交已久。

要想真正拥有一个好朋友是要付出代价的，必须聊得很投机，必须能相互宽容。聊天双方应主动让对方了解自己，逐步通过信任式的网络交流达到某种默契。与投机的朋友聊天有时是一种解脱，也是一种快乐，你可以把自己一肚子苦水泼过去，也可以把放在几天前的话茬再提起来聊；你还可以不用打招呼，甚至也不管对方是正在上厕所或是在打电话为事业上火，或是还在生女朋友的气，总之你可以为所欲为，想说什么就说什么。在这种惬意的网络时代，你不能不感谢网络的恩赐，是她让你在虚拟世界中享受到与陌生朋友交流的乐趣。你可以把这些不曾谋面的朋友分门别类放在你的名单中，哪些好友可以谈学习，哪些可以谈事业，哪些可以花前月下享受一份网络温馨；或许这其中真的就有人成为你情意交流的知己。

ICQ 和 OICQ

（1）ICQ

ICQ 原意为"我找你（I seek you）"，是一家以色列公司开发出来的免费软件，1998 年被美国在线以近 3 亿美元收归门下。ICQ 最大的特点就是可以通过因特网进行信息的实时交流，既可以结识新伙伴，也可以随时呼叫老朋友，还能即时传送文字信息、语音信息、聊天和发送文件。有人说 ICQ 是"比电子邮件更快的空中信使"，一种更贴切的说法是"网络寻呼机"。

ICQ（图 93）自 1996 年诞生以来就一直在不断增加新功能，使它越来越像操作系统，而不仅仅是用来聊天的工具，从而使用户更有理由长期使用它。ICQ 现在已成为全球最大的网上社区，据统计，每天有 1000 万用户登录 ICQ，平均每个用户每天逗留 3 小时，每天新加入的用户有 10 万，用户中有 85% 年龄在 35 岁以下。据说美国在线与时代华纳合并，监管部门点

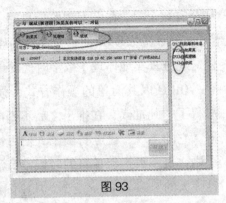

图 93

头的条件中就有一条，美国在线必须把它的即时通信服务系统对外开放。由此可见，即时通信市场的竞争将更加激烈。

当前在服务形成潮流的时候，网络门户炙手可热，网络媒体已经形成，人们争相汇集网络资源，试图形成集团效应，瓜分占领网络市场。许多商家感觉到，一款网络寻呼机即将成为网民必备之物。大家并非简单效仿 ICQ，而是仁者见仁、智者见智。有的以简单快速著称，有的以体积小巧并且易于管理见长。既然寻呼机是用来网上寻人，要那么多辅助功能有什么用呢？软件的小巧、可靠、方便、易用，已经是潮流所趋。提供全部中文功能并且尽量本地化、个性化是考察国产寻呼软件优秀程度的主要标准。

（2）OICQ

OICQ（图94）是一款非常流行的中文网络聊天软件，深受众人的喜爱。巨幅的广告随心所欲地抢进视线，宣告中国联通已经开通手机 OICQ 了，有多少城市可以进行移动 OICQ 业务了。而使用过网络的人，经调查了解，90% 以上的都知道 OICQ 并用过它。试问，有哪一家网站能够很自信地说，所有使用过网络的人中 90% 上过他的网站？这个答案很多人肯定会嗤之以鼻。不过事实胜于雄辩，网吧里几乎所有的电脑上都有企鹅图标（OICQ），网民几乎都有自己的 OICQ 号，有的

图 94

甚至有数个号，在上网浏览信息时，他们是不会忘记打开自己的 OICQ 的。

OICQ 的发明开创了人们新的娱乐项目，增加了天南地北的人的互动性，充分真实地体现了数字时代的地球村转化进程。

OICQ 以其简单的操作方式，强大的亲和界面，不断增强的优厚功能赢得了非凡推崇，在推出之后不到两年的时间里，用户飞速发展到五千多万。它的出现，已经打破了人们习惯于安坐家里看单向表现手法的电视肥皂剧，也不再抱怨单身的时候没有消遣的娱乐项目了。人们已经热衷交互性强大的 Face to Face 交流。从中国最南端的椰风飘摇到北国的冰天雪岭，高科技的进步已经把人们带入了不可思议的超时空传讯时代，再也不拘泥于井底世界了。

OICQ 的出现还解决了许多痴男怨女的苦恼，担起了现代月老的重任。网民上网聊天几乎都是希望能来一次网恋，甚至更多次。尽管他们没有一人承认这一点，但是却不约而同地同意一个现象，网络聊天一族里同性聊天是会被人当做另类的，所以在聊天室里标明自己是女性的聊民是最受欢迎的，而那些在聊天室里大呼"怎么没人理我？"的人不是男性就是给自己起的名字绝对男性化的人。

高校（图 95）学生是一个特殊的群体，年龄的特殊、心理的特殊、所

图 95

处文化环境的特殊都使大学生对网络情有独钟，而其中热衷于 OICQ 聊天的人并不鲜见。也许他们并不只是单纯追求享受一次浪漫的网恋，但他们一旦碰到某种激情后就很难逃避。尽管有少数男女学生似乎找到了某种感觉，甚至沉溺在这种虚拟的激情碰撞中，但事实上更多的大学生最后找到的是失落，是茫然，很可能连自己也不能说清楚其中原因。或许这就是网络聊天魅力之所在。

稳坐太平安居，结交天下好友，逍遥自在得乐，尽在 OICQ。

（3）聊天分析

聊天中语言符号（图96）的运用。在目前的技术水平下，聊天中主要借助的是语言符号。而人们要通过语言符号进行交流，其前提是有共同的符号系统。这表明，现阶段的聊天，主要还只能是在使用同一语言的人群中层开，网络的国际化，还并不能在聊天室中得以充分体现。即使是同一语言的使用者，也可能由于其文化背景的差异，而无法形成对语言符号的共同理解，从而使交流产生困难。与一般的人际传播相比。在网上聊天室中，聊天者的身份背景更为多样化，交流中的人际网络更为复杂，因而对

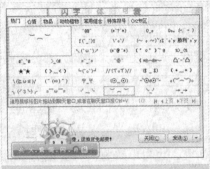

图 96

语言符号的接收与理解也较容易产生偏差。同时，人们通过语言进行交流的过程是一个由思维到表达的过程。当人们用书信等书面语言方式进行交流时，由于存在延时，相对来说，思维的过程更长，也就可以将自己的思绪理清楚再选择合适的文字来表达自己的意思。但是在网上聊天中，一般来说，这个过程就不那么从容，所以往往人们表达出来的语言更多地是不受理智而是受情绪的支配。此外，一个人的性格与心理状态在此过程中也起着重要作用。例如一个爱争强好胜的人在聊天时，可能不以是非为判断标准，而只是想方设法使自己处于上风。所以对聊天过程中语言符号运用的研究，不应仅停留在一般的语言应用的层面上，还应该从心理学的角度进行必要的分析。

图 97

聊天过程中人的心理。人的社会心理在人际传播中起着重要作用，同样，也会影响聊天者在聊天过程中的态度与行为。在网络时代，当人们的交往空间由现实物理世界延伸到由网络组成的网络世界（图97）中时，人们的社会心理如从众行为等是否会有变化，如何变化？另一方面，由于网

络空间的特殊性，如人们互不见面，身份隐匿，一般不存在功利因素等，聊天中人们的心理与行为表现可能与在物理世界的日常生活中有所不同。因此，当我们看到聊天室的无序状态时，就不应仅仅是简单地指责上网者的素质与水平，而是看到这种状况之后的心理因素。事实上，据 CNNIC 2002 年最新发布的报告，目前中国网络用户中有 80% 以上是大学以上教育程度，也就是说，他们大部分应是受过良好的教育，但他们在聊天室里的表现却往往显得比较"初级"。对网上聊天过程中的心理及表现进行研究，可以更好地认识人们在现实物理世界中的压力，并观察他们如何在聊天中进行减压，也有助于有关方面采取措施来改善现实世界。此外，对聊天者的心理研究，也可以给聊天者提供更多的指导，使他们学会在聊天过程中了解聊天对象的心理状况，以便采取更为恰当的方式来说明自己的观点，或者帮助他们对自己的心理状态进行调节。

图 98

聊天的组织模式。（图 98）从目前来看，在众多人参加的聊天中，交流的效率常常并不令人满意。而这其中传播的网络结构或者说组织模式是一个影响因素。在这方面，有名人参与的聊天提供了一个借鉴。在这种聊天模式中，有一个中心人物，人们的交流围绕他而展开。相对来说，这样的交流效率较高，传达的信息量相对来说较多。那么，我们能否借用这一模式，在一些聊天室中设主持人？如果可行，那么主持人将在聊天过程中扮演何种角色？他将用什么样的方式开拓聊天话题的广度与深度？这些都是可以进一步探讨的。当然有人会争辩道，设主持人会破坏交流的平等性，或者削弱聊天本身的乐趣。但我们也应该看到，人们利用聊天的目的是多种多样的。不同的目的，就需要不同的方式或手段为之服务。研究不同的聊天的组织模式，有助于我们从多种角度来利用聊天这一网络传播方式，并获得相应的效果。

网上聊天作为与网络技术一起成长的一件新鲜事物，值得我们从各种角度包括传播学角度进行研究，这一现象本身也给传播学的一些理论带来了新的问题，需要我们在实践中去寻找新的答案。

网络游戏

  游戏是一种娱乐方式，是人们借助各种游戏道具（或者方式、规则）对生活、生产和战斗的模仿。自有人类文明的时候，就有了游戏，可以说游戏就是人们生活娱乐的一部分。在今天，借助于数字、电子、网络、创意、编剧、美工、音乐等。"先进"的道具，游戏对人们现实生活的虚拟达到了一个全新的境界。

  而网络游戏，（图99）则在这新的境界上还原了游戏的本源——人与人的互动。人是社会中的人，人的生活也是社会中的生活。网络游戏把对人们个体生活的虚拟归根结蒂到对社会生活的虚拟中来了。在网络游戏中，"人"不再是执行着游戏程序，而是在创造着游戏生活——没有存档重来

图99

的机会，没有明确预知的结局，每一个选择都将成为永远的历史，每一个人都在影响着他人，每一个人都在被他人影响着……。游戏的技术或方式将来一定还会发生难以想像的变化，但是，超越了游戏境界的人与人的互动性，却必将是网络游戏永恒的魅力所在。

网络游戏的发展

  网络游戏（图100）经历了数十年的发展，已越来越热，以至此前几年

索泰N9800GT-512D3
F1 Green

图 100

更新一个版本，如今每月甚至每周更新一次。从"任天堂"出版第一代游戏机到磁卡、SONY、PS1、PS2等单机游戏机，目前，已经出现了图形游戏。可以说，网络游戏正成为主流游戏。短短几年，网络游戏风行世界，网吧内已从过去穿梭的少年、青年，到现在不乏中年甚至老年人的身影，尤其是大学生，几乎半数以上曾经或正在玩网络游戏。中国网络游戏市场的巨大潜力已经为各方所认识，仅 2002 年就实现了近 10 亿元人民币的收入，以至各大公司和集团纷纷介入这一领域。据不完全统计，已经上市和即将上市的网络游戏超过了 50 款。各公司为了获得足够的市场份额，免不了厮杀纷争和短兵相接。中国网络游戏的发展，已经进入"战国时代"。

网络游戏分类

一般来说，电脑游戏可划分为侧重思考的谋略型（包括角色扮演类、模拟类、冒险类、智力类）和侧重反应的动作型（包括动作类、射击类、赛车类、球类）。其中最受欢迎的是扮演类和智力类的游戏，像《黑暗破坏神2》、《星际争霸》系列以及中国的《笑傲江湖》等。现在，游戏迷们越玩越出彩了，最近在欧美和日本风靡一时的 COSPLAY 游戏，使玩家可以亲自出演游戏或卡通片里的人物。电脑游戏越来越趋向于生活化和真实化，也会越来越吸引求新求奇的现代人。网络游戏之所以能吸引到那么多的青少年玩家，大多是因为对战争的逼真模仿以及对团队配合精神的强调。它们不但在激烈对抗方面远超足球，更在参与互动性上大大胜出，玩家们不仅难以抵挡其"魅力"，而且往往上瘾，沉溺其间，对真实的生活产生抗拒。而大学生是社会最宝贵的人才资源，由于他们还没有最后形成比较稳定的世界观、人生观和价值观，对新鲜事物的好奇与探究的欲望十分旺盛，容易沉浸于"网络世界"。

简单来说，目前的网络游戏可以分为社区类网络游戏和竞技类网络游戏（图101）两大种类。

图 101

（1）社区类网络游戏——是以群体社会生活（包括个体生活、生产、战争、交易、交往等内容）为主题的网络游戏。尽管理论上社区类网络游

戏是可以在局域网上玩，但是现在几乎所有的社区类网络游戏只在因特网上提供。从狭义的因特网络概念来讲，人们通常所说的网络游戏就是指这类游戏，比如：① MUD 游戏，代表作《笑傲江湖之精忠报国》；②角色扮演类网络社区游戏，代表作《传奇》、（图102）《魔力宝贝》、《石器时代》、《网络三国》、《千年》；③策略对战类网络社区游戏，代表

图 102

作《三国世纪 Online》、《星云战记》；④模拟现实类网络社区游戏，代表作《第四世界》：《碰碰 I 世代》、《非常男女》；⑤网页类网络社区游戏，代表作《联众江湖》、《第 9 城市》、《战神》、《King wars 三国志》。

（2）竞技类网络游戏——以既定规则下的个人或团体竞技为主题的网络游戏。大部分竞技类网络游戏既可以在因特网上玩，也可以在局域网上玩。但是，由于这类游戏对网络的带宽要求较高，实际上竞技类网络游戏还是以局域网联网对战为主，所以，在因特网络带宽充分满足要求之前，竞技类网络游戏更多还是广义上的网络游戏。现在国内流行的竞技类网络游戏主要有《星际争霸》、《帝国时代》、《雷神竞技场 3》、《Countet Strike》、《FIFA2001》，以及联众网络棋牌游戏等，比如：①棋牌类网络竞技游戏，代表作《联众围棋》、《联众桥牌》；②益智类网络竞技游戏，代表作《联众俄罗斯方块》、《联众拼图游戏》、第 9 城市《泡泡龙》；

第三章 电脑与网络

神奇的电子世界

③策略对战类网络竞技游戏，代表作《星际争霸》、《红色警戒2》；④动作类网络竞技游戏，代表作《雷神竞技场3》、《CounterStrike》；⑤体育类网络竞技游戏，代表作《FIFA2001》、《联众台球》。

据不完全统计，网络游戏的用户中将近有85%的用户是男性，而女性用户只占15%。年龄越轻，玩在线游戏的比率越大，其中18～24岁用户玩在线游戏的比率最大，占64%左右；18岁以下与25～29岁用户经常玩在线游戏的比例大致相当，各占15%左右；30岁以上用户群体玩在线游戏的比例正在逐渐下降，其中40岁以上用户群体玩在线游戏的只占1.2%。其中16～18岁用户将占绝大多数。因为受教育程度及个人知识积累问题，16岁以下的青少年大部分对上网都还处于初级朦胧阶段，因此在这部分人当中网络游戏（图103）的用户将会是微乎其微的，也就是说18岁以下的14.5%的网络游戏用户主要就是指16～18岁之间的用户。学生用户占据了经常玩网络游戏群体的主体，达46%左右，其余职业群体玩网络游戏的比例均较低，都不超过6%，其中技术支持人员占5.4%左右，产品销售人员占3.8%左右。这个情况与大多数需要一定技术性的网络服务情况基本相一致。因为大多数类型的网络游戏还是需要一定的操作技巧以及一些用户本身对游戏的理解思维，而女性用户对于游戏的观念本来就相对于男

图103

性用户来得弱，对于游戏的渴望性没有男性用户强烈，再加上目前市场上大多数游戏产品都是针对男性用户所设计的，女性用户可供选择的游戏产品实在太少。

网络竞技运动

随着网络游戏的发展，一批优秀的网络竞技游戏由于具备了主题健康、规则完善、群众基础良好等特征，逐渐脱颖而出，成为新形式的体育运动项目——网络竞技运动。（图 104）

竞技类体育与游戏的关系源远流长，很多竞技体育项目就发源于游戏。其中最典型的莫过于足球，在中国汉朝，古代足球运动根本就是一种游戏，然而最终却能发展成为当今世界第一大竞技体育运动。奥林匹克运动也有很多竞技

图 104

项目发源于游戏，实际上直到今天，在英语当中，"游戏"这个单词仍然有着体育竞赛的含义。例如"奥林匹克运动会"：Olympic Games。

如今，网络竞技运动不但秉承了"更高、更快、更强"的奥林匹克精神，而且还赋予了它新的含义：更高的智慧、更快的速度、更强的技能。在网络竞技运动中，人与人对抗代替了人与机对抗，对手不再是一成不变的计算机，而是会思考、会学习、会进步也会失误的另外的人；这是人与人之间智慧、技能以及手眼速度的较量，也是人与人之间勇气、毅力、品格、心理素质甚至运气的比拼。可以说，网络竞技已经初具竞技类体育运动的灵魂。

对网络游戏的担忧

网络游戏开始猛烈地冲击大学校园，在给大学生们带来非凡的休闲魅力的同时，也为我国的大学教育带来新的困扰。长期以来，教育界的许多

神奇的电子世界

人士将网吧和游戏视为洪水猛兽，更多关注的是它对中小学生的危害。但就在不知不觉间，它也成为大学校园上空挥之不去的阴影。据调查，上网者绝大多数是年轻大学生，其中一所大学的一个毕业班近80%是半职业网民，每天花掉学习时间去上网玩游戏的也不是少数，有的甚至几个通宵连续上网。重庆师范学院一个学生感慨，想当初，只有小孩子才玩的单机游戏，（发展）到现在的老少皆宜的网络游戏，他从一个电脑"白痴"到一

图 105

个电脑高手，似乎也与玩网络游戏（图105）"密不可分"。网络的普及给人们带来了方便和快捷，网络游戏也以其独特的虚拟方式深深吸引着每日脚步匆匆的男女老少，特别是在校大学生。尽管其中难免带来一系列的社会问题，但网络游戏的是非功过，还不能简单结论。

从古至今游戏都是娱乐、玩耍的意思，但娱乐的方式却是年年有变化，代代都不同。到了今天，电脑游戏可是前所未有地风靡世界，老少皆爱。游戏与电脑、网络联系到一起，产生了超出游戏的力量。有人已经把电脑游戏称为青少年的第九艺术，有的指出它已经塑造了新一代人的精神结构。爱它的赞它延展了有限的人生体验；恨它的痛斥它为电子海洛因，并掌握大量"罪证"，游戏内容中的色情、暴力、篡改历史令他们深恶痛绝。如臭名昭著的军国主义游戏《提督的决断》，（图106）对还不了解历史、

辨别能力不强的青少年来说绝对是一种误导。《Quake3》借助虚拟实境的高科技手段宣扬血腥暴力，对青少年的心理健康造成伤害。曾有人深夜玩《生化危机》而被吓哭。一段时间里，青少年因为玩游戏而荒废学业，甚至走上犯罪道路的报导屡见不鲜，还有少年昼夜沉迷于游戏以至暴毙网吧中

图 106

的事件发生，也令家有少年的父母对电脑游戏心生怨恨。有专家指出，电脑游戏所具有的强烈的参与感，能使玩家深深地陷入虚拟世界，过分沉迷其中，会破坏人们在现实生活中的表达和交往能力，对青少年人格、心理产生潜移默化的不良影响。反对电脑游戏的人认为电子海洛因的毒害不仅限于青少年，它对成年人的心理乃至整个社会文化都有破坏颠覆作用。

　　然而任何事物都有其两面性，网络游戏亦如一把双刃剑。网络是虚拟世界，网络游戏则可谓虚拟世界的虚拟生活，现实世界不能满足的各种个人欲望，诸如一份奢求、一种情结、一点隐私，没有不能在网络特别是游戏世界中实现的。一位退休教师曾坦言，一生执教三尺讲台，退休后蓦然间回首，竟发现自己一事无成，偶然跟着上大学的女儿上网玩游戏，（图107）仿佛一下子找到了理想中的天堂："娶妻、生子、当官甚至逛夜总会，真是想啥就有啥。"在电脑屏幕前，想做侠客的可以在游戏中行走江湖、惩恶扬善；愿意当经理的可以开始经营一个公司；热爱足球的则有机会率领中国队在世界杯上折桂；在现实中失败的可以在游戏中从头再来，弥补创伤……这还不足以迷倒众生？此外，据说美国的医学专家发现，电脑游戏可以帮助治疗注意力缺陷障碍症。成年人可以通过玩激烈的电子游戏舒缓压力。不知道医生们自己是不是电脑游戏迷？

图 107

第三章　电脑与网络

图 108

北京某著名高校 2001—2002 学年度共有 312 人因成绩不合格而遭致试读乃至退学的命运，而其中 80% 以上的学生是因为沉迷于网络游戏（图 108）而导致学业荒废。这种现象在各个大学中都存在。如华东理工大学也展示了一组令人震惊的数字：在全校 237 名退学试读和留级学生中，经调查有 80% 以上的大学生是因为无节制沉溺于电脑游戏和看碟片造成的。上海交通大学退学试读或转学学生共有 205 名，其中有三分之一的学生退学或转学原因是因为玩电脑过度导致成绩下降。

虽然网络是有利有弊的工具，但是毫无疑问，在 21 世纪，一个新兴的社会——网络社会将与人类同生存、共发展。目前，网络不仅仅是一种工具和手段，还成为了一种文化。学生上网就等于进入了现实之外的另一个世界。长期沉溺于网络游戏，往往导致学生的人格分裂。成天泡在游戏里的学生，大多是因为现实生活中压力过大，或者是缺乏成功的感觉，因此网络上那种开放式的、轻松的生活方式，对他们的吸引力就非常大。而在网络游戏的世界里，教育者是缺席的。学生们没有得到正确的引导，不会受到任何的约束，往往无法分辨虚拟和现实世界，也就出现了因游戏影响学习和生活的情况。要改变这种情况，就只有变缺席为出席，教师和家长应该积极地去了解网络游戏和网络文化，积极引导学生正确认识和使用网络，使它不但成为学生的娱乐，更是学习、交流的工具和手段。只有这样，才能使这些沉溺于网络游戏的学生回到正常的现实生活中来。

Microsoft Windows Seven 7

Part 4

电脑与网络安全

网络安全是指网络系统的硬件、软件及其系统中的数据受到保护，不因偶然的或者恶意的原因而遭受到破坏、更改、泄露，系统连续可靠正常地运行，网络服务不中断。网络安全从其本质上来讲就是网络上的信息安全。从广义来说，凡是涉及到网络上信息的保密性、完整性、可用性、真实性和可控性的相关技术和理论都是网络安全的研究领域。网络安全是一门涉及计算机科学、网络技术、通信技术、密码技术、信息安全技术、应用数学、数论、信息论等多种学科的综合性学科。

电脑病毒大观

计算机自 1945 年问世以来，不管是老式的计算机还是新型的计算机，尽管速度越来越高，规模越来越大，但除了零件老化、设备损坏引起故障外，在很长一段时间里，还没有因为病毒引起计算机损坏、出现故障或运

图 109

行不正常。世界上第一例计算机病毒是 1987 年才公开报导的，到了 1989 年计算机病毒（图 109）开始猖狂泛滥。两年中，病毒种类剧增到数百种，新型病毒不断出现。到 1999 年底，世界上已有各种计算机病毒一万余种。根据美国国家计算机安全协会估计，在当今世界上，每天将产生大约有 10 种病毒。到目前为止，已知在册病毒达 5

万余种。当然，这些病毒绝大部分都已经被消灭或被控制，否则，今天，在计算机里除了病毒就没有别的东西了。但是，据统计，在当前计算机领域中，每时每刻都有 400 多种病毒在活动。

计算机病毒到底是一种什么东西呢？

经计算机专家对各种计算机病毒的解剖、分析和研究认为，计算机病毒是一种具有自我繁殖能力的计算机指令代码。病毒侵入机器后会破坏计算机的正常运行，毁坏计算机中的数据，并且，通过自我复制和数据共享等手段迅速传染给其他程序。

目前，常见的计算机病毒有数万种，而且，每时每刻还在不断增加，

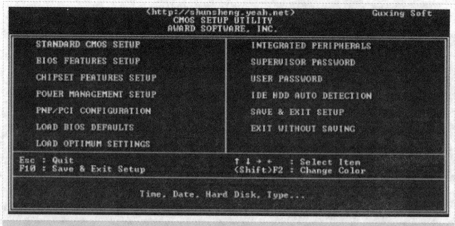

图 110

下面列出 PC 计算机上部分常见病毒的名称及其特征。

1）小球病毒

这是一种磁盘引导区型病毒，或称"1357"病毒。它在进行磁盘操作（图 110）时对无毒盘进行感染。其表现为屏幕上出现近似正弦曲线状的不断跳动的小球，可使系统混乱或造成误打印、计算机死机等。

2）大麻病毒

其属引导区型病毒。它在磁盘进行读写操作时发生感染，表现为当启动 DOS 时，屏幕上显示"Your PCis nowStoned"，可使系统无法启动。

3）巴基斯坦病毒

它为引导区型病毒，也称"1234"病毒。此病毒使 DOS 的某些命令不能运行。

4）黑色星期五病毒

它属于文件型病毒，驻留在 . COM 和 . EXE 文件中。该病毒对 . COM 和 . EXE 文件有很大破坏作用，可使 . EXE 文件无限次感染，增加文件长度，直到磁盘空间小于 2k 为止。此病毒在 13 日及星期五发作，它将 . COM 和 . EXE 文件删除。

5）磁盘杀手病毒（Disk Killer）

该病毒属于引导区型病毒。它破坏正在操作中的磁盘数据。

6）杨基得多病毒（Yan Kee Dodlle）

其属于文件型病毒。该病毒感染时，（常在下午17：00时发作）演奏一曲美国"Yah Kee Dodlle"乐曲，并使系统终止工作。

7）类大麻病毒（类6.4病毒）

其属引导区病毒。它对实施读写操作的磁盘一律感染。此病毒发作时，显示"Bloody Jun. 4. 1989"字样，并且系统迅速下降，文件遭到破坏。

8）维也纳病毒

这是一种文件型病毒。它只感染.COM型文件，使文件执行时出现重新启动，破坏文件的正常运行。

9）Sunday病毒

其属于文件型病毒。静态时寄生于.COM和.EXE文件（图111）中，文件执行时发生破坏作用，是以星期日为激发条件。它可删除全部执行文件，破坏性很大。

图111

10）1701病毒（感冒病毒）

它属文件型病毒。其当复制带病毒程序时，在系统中发生感染。当系统日期为1988年10月以后，病毒引发，使屏幕上显示的字符如同下雨一样下落，堆积在屏幕底部。

11）15751病毒

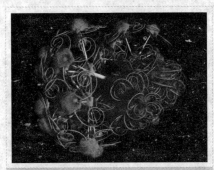

图112

它属文件型病毒。（图112）当在带毒系统中执行"DIR"或"COPY"命令时，病毒感染。该病毒对文件无破坏作用，仅在屏幕上每隔55ms显示一次"毛毛虫"爬行图样。

12）Chernobyl病毒

Chernobyl病毒在1999年袭击亚洲和中东地区，可导致汁算机完全瘫痪。

它在前苏联 Chernobyl 核事故的 13 周年纪念日时发作。在进行硬盘操作时，病毒会引起重要的文件丢失，使计算机无法开机。

13）CHINESE BOMB 病毒（中国炸弹）

其属于文件型病毒。它在带病毒系统执行"DIR"、"COPY"命令时发生感染，对文件有较大的破坏作用。

14）Worm. Explor. Zip 病毒

Worm. Explor. Zip 蠕虫病毒是"美利莎"病毒的一个变种，该病毒利用 MAPI 执行命令，由微软 Outlook 软件衍生和传播。它将自己作为电子邮件发出去，形式是文件名为"zipped-files. exe"的附件。在用户来看，这个邮件是从一个熟悉的地址发过来的，留言上写到"你好，XXX，你的邮件我已收到，顺致我的祝福。请看附上的压缩文件。再见。"

15）Bubbleboy 病毒

Bubbleboy病毒发现于1999年。它的出现预示一种令人担忧的新倾向——病毒"寄生虫"。大多数电子邮件病毒会在用户打开邮件附件时触发，而"寄生虫"则会以其他方式激活。Bubbleboy 只需要在收件箱里预览电子邮件。一旦这样做，该病毒就会感染这台计算机，同时，将 Bubbleboy 电子邮件发送给 Microsoft Outlook 通讯簿中所有收件人。发生的原因在于 Outlook 和其他程序（如 Eudora）会将任何超文本标记语言（HTML）转换为格式化的文本。HTML 转换本不应允许病毒进入，但 Inemet Explorer 存在两个安全漏洞，这为病毒的进入敞开了大门。

16）Laroux 病毒

Larotlx 病毒被反病毒软件（图 113）公司称作是 1999 年最流行的病毒。该病毒是一种宏病毒（程序内的一个小程序），它会影响某些版本的 Microsoft Excel。一旦用户的 Excel 版

图 113

神奇的电子世界

本受到感染，使用该版本创建的所有工作表都将含有该病毒。其作用是将删去合法的宏，因而，其破坏不是很严重。

病毒种类太多，恕不一一列举。

计算机病毒的三大特点

根据前面的介绍，我们已经知道，计算机内部运行的是最为简单的一系列"0"和"1"的数字，病毒也是一串串"0"和"1"的数字，只不过

图 114

是其数量和排列方法不同而已，它也是一种计算机程序，具有计算机程序的一切特点，只是它具有"破坏性"和"传染性"。

（1）程序性。病毒实际上是一组计算机指令代码，（图114）一段寄生在可执行文件上的程序。

（2）破坏性。病毒可以破坏系统，删除或修改数据，占用系统资源，干扰机器工作，严重的可使整个计算机系统或网络系统瘫痪。

（3）传染性。病毒一旦发作，将自身复制到内存、硬盘、软盘、（图115）甚至所有文件中，使其他程序也感染上病毒。如果网络上有了病毒，可以传染到网络上所有的计算机上，如果一张软盘上或光盘上感染了病毒，它可以传染到所有使用这张软盘或光盘的计算机上。传染性是计算机病毒的一个重要特征。

图 115

明察秋毫 ▶

如何知道计算机带有病毒

除了定期或经常使用检查病毒的软件检查计算机是否感染病毒外，在使用计算机过程中，对怪现象要明察秋毫，如果发现下述奇怪现象，则应首先想到机器是否已经感染病毒。

(1) 可执行文件莫名其妙的变长。

(2) 向计算机装入文件时所用时间比平时要长得多。

(3) 访问磁盘时间突然变长，感到计算机运转非常缓慢。

(4) 系统的磁盘可用空间突然变小或计算机老是指示内存不够。

(5) 屏幕上出现一些莫名其妙的小球、雪花、闪烁、提示及图画等非正常信息。

(6) 机器蜂鸣器发出不正常的尖叫、长鸣、乐曲等。

(7) 可执行文件在用户没有删除的情况下突然消失。

(8) 在用户没有授权的情况下，计算机启动软盘，并企图向没有写保护的软盘片上写数据。

(9) 计算机系统经常出现异常启动或者无缘无故的"死机"。（图116）

(10) 出现其他的怪现象等等。

这些现象都可能是机器感染病毒后引起的，应当用正版的防毒软件对计算机进行检查和消除病毒。

图116

神奇的电子世界

计算机病毒的传染途径

和生活中的病毒一样，计算机病毒也会通过一定的传播媒介和途径传染。

1）磁介质是传染计算机病毒的重要媒介和途径

计算机用户的文件一般都保存在软盘和硬盘里。因此，硬盘和软盘便成了传播计算机病毒的重要载体。其中，软盘便于自由携带，所以，成了计算机病毒传播的重要途径。

2）网络是传播计算机病毒的主要桥梁

计算机病毒可以通过计算机网络通信从一个节点传播到另一个节点，很快可使网络上的计算机感染病毒。这是目前最可怕的传染病毒的途径。

3）光介质也是传染病毒的重要途径

由于光介质上可以存储大量的计算机文件（一般600M），在非法盗版光盘上的软件中，一旦带有病毒，则购买、使用光盘的计算机就会感染上病毒。

总之，计算机病毒也是"病从口入"的，这个口就是计算机的输入设备，它包括软盘驱动器、CD—ROM、网络接入设备（网卡、MODEM等）。因此，把好"入口"关至关重要。

预防为主

防、杀病毒作为单位和个人都应极度重视，单位有单位的职责，个人有个人的任务，其原则是预防为主。单位应全面考虑行之有效的网络防毒措施，而个人则可根据自己的能力采取相应的手段，以共同保护计算机的安全。

一般人应采取的具体措施

由于病毒是人为制造的，因此，首先要依法打击计算机病毒制造者。

对用机人员要进行防治计算机病毒的基本知识和具体措施的培训，使之能自觉遵守有关防治病毒的规章制度。具体技术措施如下：

（1）专机专用。固定使用计算机系统引导程序的软盘，（图117）不要乱用启动盘或预先在你的计算机上安装防杀病毒软件。

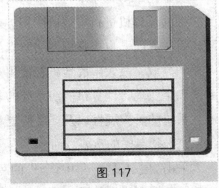

图 117

（2）系统要及时备份。及时将对自己有用的程序和数据拷贝到自己专用的软盘上，以减少病毒造成的损失。

图 118

（3）不要非法复制和使用来路不明的软盘片和盗版光盘。（图118）

（4）将已存有信息的软盘片加上写保护，防止病毒侵入。

（5）修改可执行文件的属性，设定为只读文件。需修改文件时再改为"可写"。

（6）联网的计算机要安装防病毒软件或安装防病毒卡等，以防患于未然。接收来路不明的 E-mail 信件时，要特别关注附件，小心处理。另外，一旦发现网上有病毒要立即检查自己的计算机。如已经感染病毒则立即消除病毒，对未感染病毒的计算机要采取防治措施。

网络防毒思想和技术

由于网络自身的特点，很容易成为计算机病毒寄生和传播的场所。网络时代病毒的传播速度远远超出了人们的想象，再靠通常的手段已经无法

神奇的电子世界

防止病毒的传播了，因此，必须采用新的技术和新的防毒思想。

实施网络防毒系统时，应当对网络内所有可能作为病毒寄居、传播及受感染的计算机进行有效的防护。一方面需要对各种病毒进行有效的杀、防；另一方面，也要强调网络防毒的实施、操作、维护和管理中的简洁、方便和高效，最大限度地减轻使用人员和维护人员的工作量。因此，防毒系统和企业现行计算机网络系统的兼容性、防毒软件的运行效率及占用资源、系统的可扩展性以及产品的更新和服务等都是一个成功的企业网络防毒系统必须考虑的重要方面。

采用"层层设防，集中管理"的网络防毒体系，包括芯片级、客户工作站、文件服务器、群组件服务器、Internet 服务器以及集中控管工具等。具有面向不同网络应用、不同软件平台的防毒产品，可以满足各种企业网络的防毒

图 119

需要，并达到良好的一致性和兼容性。

我们要明白网络防毒的整体设想，可根据上述设想制定出防毒的具体方案，具体说明如下：

（1）所有防毒产品均应采用先进的实时监控技术，充分体现出"以防为主，防杀结合"的新的反病毒理念，（图 119）使企业网络能够真正主动地阴截一切随时企图侵入各种电脑病毒。

（2）网络防病毒产品中应采用多种专利技术，充分保证网络防病毒的先进性和有效性。例如，宏病毒陷阱技术（Macro Trap）、"空中抓毒"专利技术等等。同时，通过研发最先进的病毒扫描（图 120）引擎技术，在保证防毒系统工作可靠和高效的同时，将系统资源的占用量减小到最低。

（3）提出"企业防毒即为集中控管"口号，以简化安装、易于使用、

图 120

便于扩充、方便病毒码更新和程序更新等，对于大中型网络这是必备的条件。实施统一的防病毒策略，集中的防病毒管理和系统维护，而防毒集中控管工具 TVCS 等类产品正是这一思想的最佳体现。

（4）为了使反病毒的快速响应能力卓越出众，应当建立全球范围的防毒分支研究机构，对任何重要病毒突发事件都能作出及时解决方案。

（5）防病毒更是一种持续不断地服务体现，因此，应当在为不同企业设计和实施网络防病毒方案的同时，在系统安装、维护、管理、新病毒处理、人员培训和技术交流等方面提供规范化和专业化的技术支持服务。

实际上，网络防杀病毒已是计算机领域中一门专业化技术。专门从事计算机防、杀病毒服务的公司已经存在。

计算机病毒的未来

在日益网络化的经济时代，存储有关我们生活工作信息的电脑，手持电脑和移动电话将成为更重要的数字资产。无论是企业还是个人都必须找到新方法来保护和管理这些资产。病毒的防范应当掌握在我们自己的手中。一个对自己负责的用户必须保护我们自身的安全。其方法是拷贝文件和查看电子邮件要留心；经常运行反病毒程序；定期更新软件；确保我们使用的软件有新的修补程序和安全更新信息。

任何事物都有它的两重性。计算机病毒给我们带来了巨大的危害。但能否给我们点什么启发呢？回答是肯定的。

计算机病毒的编程方法给我们以启示：在一个极短的时间里，可以调动那么多的计算机系统，利用同样的方法，在网络上，同时调动多台联网的计算机系统完成一项重大项目也应当是可能的。科学家们已经在深入研究了。研究如何用计算机病毒的编程方法解决、调动网络资源的全面应用问题。

因特网就如同一个社会，不过，它是一个遍布整个地球的虚拟社会。

黑客
是一个问题

图 121

神奇的电子世界

作为一个社会它是复杂的，什么事情都可能发生。上述病毒的发生仅仅是一个方面，其他诸如网络攻击（图121）、信息修改、信息盗窃等等称为"黑客"的攻击事件也已发生。

黑客大战

你听说过黑客战争吗？你知道中美黑客大战（图122）吗？

2001年5月初，中国人民迎来了21世纪第一个长假。然而，在国际互联网上，某些信息界人士却在紧张地战斗，这就是为期七天的中美"红"（美国称中国黑客为红客）"黑"客大战。据说，中方红客攻击了美国数千网站，致使美国一千余网站被攻破，五星红旗在美国许多网站上高高飘

图122

扬……当然，据说我国也有一些网站被攻破，工作一度出现不正常……

自 4 月 4 日以来，美国 PiozonBox、Prophet、顶恶世界、MIH 等黑客组织先后多次对中国网站发动了攻击，其中包括许多政府部门、企业及学校、科研机构的网站。他们声称这是一次"对中国的网络战争"，并叫嚣"所有的美国黑客联合起来吧！把中国服务器都搞砸！"其中，PiozonBox 黑客行为最为猖狂。面对美国黑客的挑衅，中国黑客高手奋起反击。美国当地时间 5 月 4 日上午 9 时到上午 11 时 15 分，在中国黑客人海战术的攻击之下，美国白宫网站首页美国国旗变成了两面黑底白骷髅旗，被迫关闭两个多小时。其他被中国黑客列为攻击目标的还有美国联邦调查局（FBI）、美国航空航天局（NASA）、美国国会、"纽约时报"、"洛杉矶时报"以及美国有线新闻网（CNN）的网站，有些网站被五星红旗及政治口号取代了原有内容。

据我国网络信息安全领导机构——国家信息化工作领导小组计算机网络与信息安全管理工作办公室（简称国信安办）公布：这次中美网络黑客大战共有 1301 个网站被"黑"，在被黑（的）网站中，美国占 80%，共计 1041 个；中国（大陆）共有 147 个网站被"黑"；中国（香港）共有 113 个网站被"黑"。

图 123

在这次中美黑客大战中（图 123），中美双方都遭受了很大的损失。

黑客的攻击方式有以下几种：远程攻击、本地攻击和伪远程攻击。

在此之前，中国黑客就曾经多次攻击过境外网站。如 1999 年 7 月，李登辉"两国论"出台，台湾"国民大会"网站和"监察院"网站被中国大陆黑客侵入。台湾"国民大会"网站整个系统瘫痪达三个月之久。

到底什么是黑客呢？

那些企图通过非法手段进入别人计算机网站或各种服务器并进行破坏

（如：修改、移动和删除别人信息，或者有意增加某些信息）或窃取别人计算机信息的人称之为黑客。

这就是说，黑客的特点是进入别人计算机进行信息的破坏和窃取，而其手段则是各种各样的。

矛与盾

众所周知，在日常生活中有矛就有盾。网络社会也是一样，网络上有黑客攻击，就有防止黑客攻击的手段。防卫攻击的重要手段之一就是通常所说的"防火墙"（图 124）。

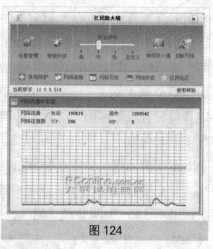

图 124

最初的防火墙是个人或某单位为了防止别人进入自己的系统而自己编写的软件并进行一定的硬件配置，它是为了满足自己系统需求的个体行为。这时候，入侵者不可能像对待商品化产品那样通过研究你的系统文件来找到你的薄弱环节。这时的防火墙还比较安全而且也比较简单。

话又说回来，如果自己做防火墙，需要培养了解防火墙技术的专业人员，还要占用户大量的时间和资源。许多单位没有能力开发防火墙技术，大多数部门希望根据自己的需要到市场上去购买防火墙成品。

"道高一尺，魔高一丈"

随着科学技术的发展，当 IT 产业进入网络时代之后，为要满足单位局域网络系统的需要，近 5 年来，在 IT 领域里便出现了一对相互矛盾的专业机构，这就是专门攻击别人网络的黑客网站和专门研究防止黑客攻击的防火墙技术研究以及防火墙产品的专业生产单位。

商家、企业事业单位、服务机构、政府机关等要在互联网上运行就必须建立或把自己的网络升级为内部网，内部网与公用的互联网既要连接又要隔离。连接是为了与公用的互联网交换信息，做到资源共享。如果光有连接，信息是可以自由交换了，那自己也就没有什么秘密和隐私可言了；因此，局域网还要与互联网隔离，而隔离就依靠防火墙，防火墙由内对外是开放的，由外对内则是关闭隔离的，这样就可以使局域网比较安全地在互联网上进行信息交流了。

筑起一道防火墙

防火墙是一种形象化的说法。实际上，它是一种计算机硬件和软件的组合，它在互联网和内部网之间建立起一个设有警卫的门户——称"安全网关"，（图125）从而保护内部网免受非法用户的侵入，阻止所有不受

图 125

内部网络欢迎的(俗称黑客)通信、访问，但允许受欢迎的一切通信和访问。对内部网络而言，所有内部网络用户对外部网络的访问通畅无阻，自由出入。

防火墙已不是一段程序，也不单单是一个硬件设备，而是为实现你的网络安全策略而提供的对外部的入侵起完全保护作用的安全防护系统。

防火墙的特点

互联网的发展给企业和政府带来了革命性的变化，企业和政府为了提高自己的竞争能力，正努力通过互联网（图126）来提高对市场的反应能力和提高自己的办事效率。企业和政府通过互联网从在异地的客户、销售商、员工和移动用户那里取得数据，并向处在异地的客户、销售商、员工

图 126

和移动用户发出数据。这些数据的安全是非常重要的。所有数据的来源都应是自己人的数据。但网络上的数据绝非都是自己的数据，因此，防止非法数据的进入至关重要。这是防火墙至少要做到的一点。

防火墙的安全性主要来自良好的技术性能和正确的安全策略，防火墙主要应具备以下几个特点：

（1）所有内部对外部的通信都必须通过防火墙，反之亦然。

（2）只有按安全策略所定义的授权通信才允许通过。

（3）防火墙本身应具有抗入侵的能力。

（4）防火墙要设在网络的要塞点上，它是达到网络安全的有效手段之一，因此，应尽可能将安全措施都集中到这一点上。

（5）防火墙应具有强制安全策略实施的能力。

（6）根据工作需要，防火墙可以记录网络内、外通信时所发生的一切信息。

总之，防火墙限制了可能产生的网络安全问题，避免了整个网络灾难的发生。

防火墙技术

防火墙技术在 OSI 参考模型中可分为上下两类：即网络层和应用层。

网络层技术保护整个网络不受非法入侵。网络层技术的一个范例就是包过滤技术，它简单地检查所有进入网络的信息，并将不符合标准的数据丢掉。网络层防火墙采用的另一种技

图 127

术就是授权服务器，（图127）由它来验证用户登录的身份。

应用层技术主要控制对应用程序的访问，采用代理服务器技术。代理服务器允许对某些程序的访问，如HTFP；而阻止对其他应用程序的访问，如FFP等。

逐包检查 ▶

"包"是什么？

简单说，"包"是信息流动的一种单位。在网络上信启流动可以用比特和字节计量、也可以用包计量等。一个"包"含有多个字节，"包"是信息传输的主要计量单位。

你知道邮包吗？信息包与邮包是相似的，只不过邮包中是物品，通过邮局邮寄；而信息包中是信息，通过互联网传递。（图128）

在网络文件信息传送中，当一个文件从一台计算机传递到另一台计算机上时是把这个文件分成一串包来实现的。不同网络系统采用不同的网络技术，所以，它的包大小也是不一样的。包被传送到目的地之后，可按事先的约定重新组合成文件。

图128

每个包由两部分组成：文件的数据部分和标头。打个比方，假设"包"是一封信，数据就是信封里的信，而信封上的收信人的地址就是标头。像邮局按信封上的地址分发信件一样，包过滤器是按标头中的信息来分发（称过滤）包的。

从技术上讲，一个包应有三个标头信息，每一个标头信息对应七层网络协议中下三层协议的某一层协议。

（1）传输层。它包括传输控制协议（TCP），用户数据报协议（UDP）或 Internet 控制信息协议（ICMP）。

图 129

（2）Internet 层包括 Internet 协议（IP）。

（3）网络访问层。它包括以太网、FDDI 网等包过滤器使用的 IP 报头。

路由器（图 129）通过将报头信息与网络管理员在路由器上设定的"规则表"进行比较来确定是否把包送到目的地。如果有一条规则不允许发送某个包，则路由器便将它丢弃。

路由器设置在内网和外网（通常为 Internet，但也可能是内部网络的一部分）之间，它用来过滤某一方向或双向的网络通信。信息包从被保护网络中发到网络外界的传输信息包叫做外发包，反方向发来的信息包叫做进入包。

路由器按路由表中设定的规则对每一个包进行检查，从第一条规则开始，直到找到对该包合适的一条规则或直到用完所有规则为止。

如在一个路由器的路由表中设置了三条规则：

（1）如果有一条规则阻塞该包传输或接收，则不允许该包通过（不允许接收任何到 Wang Tao 的包）。

（2）如果有一条规则允许包传输或接收，则允许该包通过（接收所有发到 Ling Li 处的包）。

（3）如果有不满足上述任何一条规则的包进入，则该包可能被阻塞，也可能被通过。这取决于上述两条是否明确被禁止或被允许（如果该包是发给 Liu Fang 的，则允许通过）。

我们看一下，包过滤是如何实现的。

（1）路由器（图 130）收到一个发给 Ling Li 的数据包，路由器检查规则，此包不符合这条规则，然后再检查规则，符合这一条规则，路由器便将这个包传输到目的地，而不必再检查余下的规则。

（2）当查完所有规则而都不符合时，不同的路由器有不同的做法。有些路由器的做法是放弃这些包，而有些路由器则不放弃。为安全起见，应该在表中设立最后一条规则：放弃任何不符合上述规则的信息包。

在实际应用中，"规则表"中可能有许多规则，有的可达几百条规则，这些规则可能以更多的标头信息元素为基础。这些规则只用于进入包。

图 130

第四章 电脑与网络安全

由于路由器是介于内部局域网和外部网络之间的设备，外部信息进入内部网络的信息包和内部网络进入外部网络的包都要经过路由器，所以，包过滤对内部网络系统的信息包和对外部的信息包都要过滤。但是，包过滤的设计原则是有利于内部网络的，所以，在包过滤装置两侧所执行的过滤规则是不相同的，就是说，包规则是不对称的。

下面我们给出包过滤规则表的一个简单范例。

假定规则表如下：

图 131

规则1：不允许来自特定主机（经验证明有这样或那样问题的计算机系统，下称"有问题计算机"）上的信息包通过。

规则2：允许位于主机上的端口25连接进入邮件网关（用SMPT）。

规则3：阻止一切包通过。

一个信息包到达路由器（图131）

时，工作过程如下：

（1）包过滤器从信息包的标头中取出需要的信息。

（2）包过滤器将这些信息与"规则表"中的规则相比较。

（3）如果这个包来自某些特定主机（即"有问题的计算机"系统），无论它的目的地是哪里，都将被丢弃。

（4）如果信息包通过了第一条规则（信息包不是来自"有问题的计算机"系统），检查它是否到我们的 SMTP-Mail 主机，如果是去 SMTP-Mail 主机的信息包，则将它送到目的地，否则将包丢弃。

（5）如果前两条规则都不符合，根据规则 3，这个包将被丢弃。

注意！

在这里，路由器（图 132）上的规则顺序是非常重要的，如果规则顺序不一样，则可能出现完全不同的信息包传送结果。

请看！

如果我们把规则 1 和规则 2 的顺序调换一下，则情况如下：

来自"有问题的计算机"的信息包去到 SMTP-Mail 主机端口 25。

图 132

该包首先因为符合规则 1 的标准而获得通过。但它违背了拒绝所有来自"有问题计算机"的包的规则。

此外还必须注意！

一个信息包如果没有明确的注明继续进行，实际上它就被禁止了，为了把一个信息包继续发送出去，我们不能阻止它们，而且还必须允许继续前进。这就是说，在规则 3 之前，再加一条规则：允许来自正常计算机系统的信息包通过。即上述路由器规则应改变为：

（1）不允许来自"有问题计算机"的信息包通过。

（2）允许来自正常计算机的信息包通过。

（3）允许位于主机上端口 25 连接进邮件网关（用SMTP）。

（4）阻止一切信息包通过。

代理服务器

防火墙技术的另一个类别是应用层技术，这一类的设备称为应用网关。

代理服务器是代表一个应用程序而运行的软件，这个应用程序实现从一个网络到另一个网络的通信，代理服务器软件可以独立地在一台计算机上运行，也可以与其他软件（诸如包过滤器）在同一台计算机上运行。

代理服务器（图 133）如同一个内部网络与外部网络之间的边界检查站，两边都可以通过代理服务器相互通信，但它们不能越过代理服务器而自行进行通信，代理服务器接收来自一边的通信，检查并确认这一通信是否授权

图 133

通过，如果授权通过，则启动到达通信目标的连接，否则关闭到达通信目标的连接。

应用网关还有另外的功能。它能记录通过它们的一切信息，如什么样的用户在什么时间连接了什么站点，这对识别网络间谍是十分有价值的信息。

应用网关还能存储 Inernet 上被频

图 134

繁使用的页面。当用户请求的页面在服务器的缓存中时，服务器本身就能提供这些页面，从而使网络响应用户服务的速度更快。

代理服务器（图134）甚至可以检查信息包的内容，并根据用户想干什么来决定允许或拒绝连接。代理服务器需要一台高性能的计算机系统，否则将可能形成网络通信的瓶颈。

用户身份证

上述两种防火墙技术都是以允许或拒绝访问内部网络系统为基础的，而这些访问来自那些试图获准访问的机器或服务的网络外部；另一种被称为身分验证的安全措施是针对企图访问网络和计算机的个人，身份验证不分网内网外，只认来者身份。

用户身分验证有两部分：

（1）确定用户声称自己是谁。

（2）确定此人被允许在网络上做什么。

准确地识别一个人是一个很困难的问题，检查一个人可靠的方法是视觉识别，这就是为什么证件要用相片的原因。另外，还有使用人的特征识别，如指纹、虹膜等。但目前，在一般情况下，计算机还没有使用这些方法。通用的方法是使用密钥，例如口令。随着信息技术的发展，视觉识别必将提到日程上来。

众所周知，黑客可能来自网络外部，但也可能来自网络内部。如何做到既能防止网络外部的黑客的攻击，又能防止网络内部黑客的破坏呢？

层层设防

　　入侵检测系统是近年来出现的网络安全技术，它可以在网络内部检测网上一切可疑信息（这些可疑信息可能产生于网络内部，也可能来自网络外部）。系统随时随地进行检查非正常信息包、IP 等，禁止其活动并记录其运动轨迹，进而找出并区分可疑信息是入侵者还是内部用户的误操作。

防火墙的局限性

　　（1）防大不防小，防前不防后（防火墙背后的门户，如拨号入网、笔记本电脑（图 135）临时入网等因素）。

　　（2）防外不防内。防火墙只能防护网络外部攻击，据有关部门统计，

图 135

实际上，网络内部攻击占总攻击数量的 50%。

（3）由于性能的限制，防火墙通常不具有实时入侵检测能力（只能预先设置），而这对于现在层出不穷的攻击技术来说是至关重要。

（4）对于病毒束手无策，病毒可以从网络内部或外部威胁网络系统的安全。

入侵检测主要执行的任务

（1）监视、分析用户和系统的一切活动。

（2）系统构造和系统弱点的审计。

（3）识别反映已知进攻模式并向相关人员报警。

（4）异常行为模式的统计分析。

（5）评估重要系统和数据文件的完整性。

（6）操作系统（图 136）的审计跟踪管理，并识别用户违反安全策略的行为

入侵检测系统可使管理员时刻了解网络系统的程序、文件和硬件的任

图 136

何变更；为网络安全策略的制定提供依据；发现入侵后能及时作出响应、记录事件和报警等。

入侵检测的结构分为：入侵检测平台（含专家系统、知识库和管理员）和代理服务器（采集审计数据）两部分。管理器根据代理采集的数据进行分析，产生安全分析报告。控制器则执行管理器的决策。

入侵检测分类

入侵检测系统采用如下两种技术。

（1）异常发现技术。

假定所有入侵行为都与正常行为不同。建立系统正常行为轨迹，可将所有与正常轨迹不同的系统状态均视为可疑企图。

（2）模式发现技术。

假定所有入侵行为和手段（及其变种）都能表达为一种模式或特征，那么，所有已知的入侵方式都可以用匹配的方法去发现。

入侵检测系统按其输入数据的来源可分为三类。

（1）基于主机（图137）的入侵检测系统。

图 137

（2）基于网络的入侵检测系统。

（3）采用上述两种数据来源的分布式入侵检测系统。

入侵检测系统的功能

（1）监视用户和系统的运行情况，查找非法用户和合法用户的越权操作。

（2）检查系统配置的正确性和找出系统安全的漏洞，（图138）并提示

图 138

第四章 电脑与网络安全

管理员修补漏洞。

（3）对用户的非正常活动进行统计分析，发现入侵行为的规律。

（4）检查系统程序和数据的一致性和正确性。如计算和比较文件系统的校验，并能实时地对检测到的入侵行为进行反应。

防火墙也好，入侵检测也好，它们固然重要，但是，网络系统参数的严格配置和管理制度的完善健全才是网络安全至关重要的。

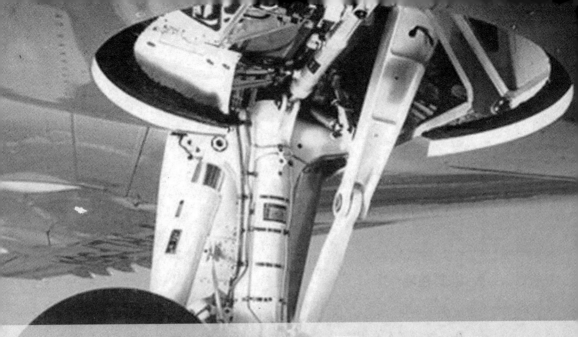

Part 5
电脑与网络应用

　　电脑的网络应用具体有：1、数据通讯技术的定义与分类；
2、数据通讯技术基础；3、网络体系结构与协议的基本概念；
4、广域网、局域网与城域网的分类、特点与典型系统；5、网络
互连技术与互连设备；6、局域网分类与基本工作原理；7、高速
局域网；8、局域网组网方法；9、网络操作系统；10、结构化布
线技术等等。

电脑走进人们生活

电脑住宅

电脑的发展，使人们的住宅大为改观。

在高度电脑化的住宅中，当你按了门铃，你的面容便清晰地映在客厅电视荧光屏上，主人按一下电钮，大门就会自动开启。

进入客厅以后，你刚落座，按一下电钮，房间的空调，就会按指定的温度自动调整。如果室内光线太强和太弱，你可以按一下电钮，窗帘就可以根据需要自动提升和降落，达到你要求的亮度。

如果你要喝茶或者喝咖啡，电脑微波炉立即会煮出来，一杯可口的饮料会送到你的手中。

如果你想听音乐或者跳舞，电脑录放机会按你的旨意，选择歌曲或舞曲。

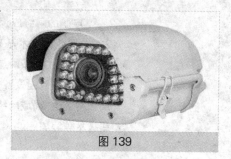

图 139

这样的住宅，每个窗户和门口都装有防盗报警器。（图139）小偷只要跨进窗口或门口，报警器就会自动响起来。

室内的一些相应的设施，也安有报警器。例如，室内发生漏电或煤气泄漏，电脑也会自动报警。

这种住宅一旦发生火灾，电脑控制的灭火器会从天花板的各个角落自动打开，喷洒灭火溶液，立即灭火。

如果客人来访，主人不在家，电脑摄像机会自动留下录音或录像。

如果你要洗衣服，不管你是什么布料，也不管脏到什么程度，只要你放进洗衣机，（图140）电脑就会根据需要自动调节洗衣机的档次，自动清洗，并甩干，绝不会损坏你的衣料。

做饭炒菜，自然使用的是电脑微波炉，它可以自动控温。有的电脑微波炉能烹调100种以上的食品，归纳为几种加热方式，只要你按一下所需要的键，就会做出可口的饭菜。

学龄前儿童，可以用电脑辅助教育。儿童学习，可以使用电脑对外语、

图 140

数学、物理等各科知识进行辅导。要玩的时候，可以使用电子游戏机。如果要学习音乐，电子琴可以教儿童学习各种电子音乐。接上画笔，可以在屏幕上绘出各种美丽的图画。

如果家里有老人，感到寂寞，可以和电脑对讲，也可以听听音乐或国内外新闻。

如果家里用上一台机器人，那么扫地、拖地板、浇花、洗衣、做饭，甚至照看婴儿，都是机器人的事。

相信，随着经济的发展和电脑的发展，这种电脑住宅会被普通百姓家庭拥有。

电脑教学

中小学生学习，主要是在学校，通过教师和学生的双边活动，完成教学任务。对学生来说，其目的是通过学习，丰富知识，提高自己的各种能力。

但是，教师的教学水平不都是一致的。有的老师知识水平有限，难以满足教学要求。还有的教师知识丰富，但缺乏一定的教学组织能力和管理学生的能力，很难组织好课堂教学，所以教学成绩上不去。有了电脑，教师和学生便可以利用电脑辅助教学和学习。

电脑教学一般是把全国各地方优秀教师的教案和学科教学规律，编成计算机程序，组成计算机辅助教学系统。这种教学系统，可以通过文字、声音、图像等代替教师向学生提问，分析学生的基本情况，并纠正学生学习上的一些错误。

因为是全国优秀教师教学，其教学水平自然比一般教师都要高一些。学校可以在课堂上使用电脑，让学生进一步学习，学生也可以在家里利用电脑辅助学习。（图141）

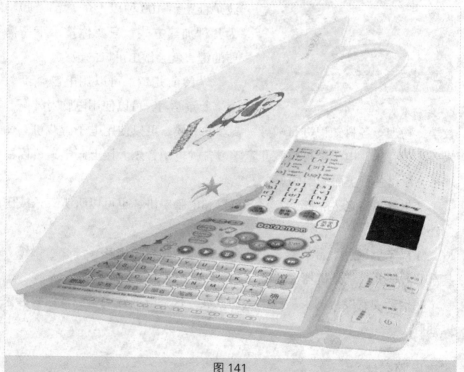

图 141

这种电脑基本上把课堂教学内容、教学过程、教学重点、疑难问题，都编入程序。在教学过程中，会把学生容易出现的问题都讲清楚，对错误进行分析，找出原因。

电脑代替优秀教师教学，会弥补自己教师的不足，同时也可以通过电脑教学，对原有的学习重复一下，对所学的知识有更深的理解，并巩固自己的知识。

图 142

电脑教学（图 142）不仅对学生有好处，教师也可以通过电脑教学，学习优秀教师的教学方法，不断提高自己的教学水平。

世界上许多国家都采取了电脑教学这种方法。目前，我国已有一些中小学生用的辅助教学软件投入市场，一些中小学生已经从中受益。

当然，电脑教学只是一种辅助教学手段。是为学校系统完整的教学目的服务的。

电脑提款

人们把钱存到银行，既有利于储户——把钱放银行里既安全，又获得了利息，同时也有益于银行——银行可以把存款贷出去，低进高出，从中获益，也有利于发展国民经济，所以国民经济的发展离不开金融机构。

存款自由，提款也自由。这样，每天都有人存款，也有人从银行提款。一般地说，存款总额要超出提款总额，这样加上银行资本，银行总是有钱以备用户取钱。

但是，提款有时也不方便。因为银行或储蓄所，每天都要把钱放入金库，所以上班以后，还要从金库出款，顾客去早了，柜台上没有钱，需要等候。

用户存款需要存折，这是取款的凭证，存折丢了需要挂失，如果挂失不及时，或者发现丢失太晚，容易被别人把钱取走。

另外，银行或储蓄所，还需要大批职工，每天支付用户取款。取款的用户多了，需要排队。这样浪费了人力，也浪费了时间。

现在银行柜台上使用了电脑，免去了算盘结算和手工开单的麻烦，大大方便了职工，使存款取款速度大大加快。

但是，这种结算方式仍旧比较麻烦，而且也解决不了柜台需要到银行取款的过程。

那么，能不能有更先进的方法呢？为此科学家们研究开发出自动取款机，（图 143）大大方便了顾客，同时节省了银行的工作人员，也免去了银行取款的过程。

现在一些银行主要营业所，大都设有自动取款机。顾客取款时，只要把信用卡插入阅读器，电脑就会要求用户输入取款密码，只要密码正确，用户便可以输入取款钱数。此时电脑便可以检查用户在银行的存款数额，若数量够了，或者超出，电脑立即输出钱款；反之若钱数不够，电脑会要求用户修改取款额。

图 143

有趣的是，如果密码不正确，输入三次都有错误，那么电脑会把信用卡"吞下"扣留。也就是你的信誉卡丢了，别人不知道密码，也绝对取不出款来。

你看，这种电脑提款机多方便，又多保险！

电脑办公

计算机不断发展，使办公进入自动化。办公自动化，不仅省去了一些人力，更重要的是办公利落、规整、快捷，大大提高了效率。

那么，什么是办公自动化呢？

所谓办公自动化就是把办公业务，诸如起草文件、绘制图表、（图144）文件归档、统计数字等等，都由计算机和通信设备处理。办公自动化提高了办公效率。

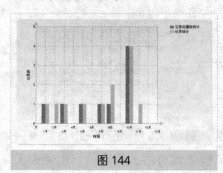

图 144

就文件起草和编辑改稿件而言，如果用计算机处理，通过键盘把内容输入电脑。这时你的文件或稿件就会出现在荧光屏上，根据需要，可以在屏幕上删节、增加，调整、修改，而荧光屏不会留下任何痕迹。

同时电脑可以把文件和稿件直接

打印出来，省去了抄写的苦楚。

现在许多作家写文章，不用写在纸上，只要有一台电脑，就可以把构思的文章内容，通过键盘输入电脑，然后在电脑上修改成文，并根据要求，用不同字体、字号自动排版，打印出来。甚至还可以通过互联网，直接交编辑部审稿。

美国《华盛顿邮报》的编辑部有 300 台计算机终端，（图 145）编辑眼看着荧光屏，手敲键盘，就可以修改稿件，然后输送到自动排版机里印刷。

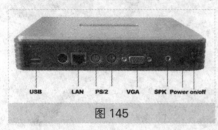

图 145

机关的会议很多，通知、会议文件、发言材料等都可以通过键盘输入电脑。用过之后，可以存储在软盘上，一旦要查询，或者下次类似的会议需要参考，只要调出来看看就行了。

有些机关，诸如公安、法院、仲裁等机关将案件、合同契约等存储在"电子文件柜"中，随时都可以提出来参考。

办公自动化，即工作人员不需要集中办公，而是分散到有计算机终端的个人办公室，各办公室可以通过计算机网络，互相连接，沟通信息，甚至有些办公人员，可以不用到办公室，在家中就可以通过计算机网络与单位或其他同事的计算机连接，照常办公。

美国总统卡特在任期间，每周大约要处理四千多封来信。在白宫卡特的一间办公室里，有一台专门处理总统信件的电脑，一枝电子笔根据事先编好的程序，把信件内容分类编号。电子笔可以模仿卡特的笔迹，有针对性地回信，每封信平均一秒钟就可以完成。这省去了总统的许多麻烦，并有更多的时间去思考和处理国家大事。

由于电脑进入办公室，改变了办公一改往日人声嘈杂、工作效率不高的局面。

电脑阅卷

20 世纪 90 年代以前，高考阅卷（图 146）是一种繁重的脑力劳动。

时值酷暑，阅卷人无不对浩瀚的试卷望而生畏。尽管国家为阅卷人创

神奇的电子世界

图 146

造了良好的条件，诸如增加降温设备，提高解暑条件，但由于劳动时间长，阅卷人还是疲惫不堪，所以，许多人都不愿意参加阅卷。

阅卷采用流水作业，每人只批阅一题或一项，这种机械的劳动和长时间的作战，很难神志专一，也很难精力长时间充沛。因此，也就难免使评卷不发生偏差和错误。例如，一道数学题，其运算过程和结果是否一致，往往会被阅卷人忽略过去。

统计分数使用算盘和袖珍计算机，更是麻烦事。统计人员往往会因为长时间劳动，眼睛昏花、手指错用，因而出差错。尽管考务人员以高度负责的态度进行复核，每年还是免不了出错误。

随着计算机的发展和广泛应用，20世纪90年代起，我国采用了电脑阅卷。

电脑阅卷，（图147）首先要使电脑能够识别卷面信息。因此，考生需要用给定的一张标准涂卡，用铅笔在圆中描黑，选择答案。有了这种信息，

图 147

电脑就可以识别，为考生评卷并评分。

由于电脑不存在疲劳现象，因此，一般不会因为劳累而出现失误。

有趣的是，电脑还会对考生填错、铅笔涂得太淡、橡皮擦得不干净的试卷以及漏答、多答的考卷剔出来，重新处理。

电脑不仅会阅卷，还可以把考生的分数准确地统计出来，并进行登记。每个考生都有自己的各科成绩，合起来就是总成绩。

以往的考生成绩，是通过信件通知考生。所以，许多考生为想知道自己的成绩而心急如焚地等待。

现在，只要总成绩统计出来，考生便可以利用电话向电脑查询，甚至可以通过互联网在自己的电脑上查找自己的成绩，真是方便之极。

图 148

电脑阅卷，（图 148）不仅不容易出错误，还解除了阅卷人繁重的劳动，而且迅速、快捷，并大大增加了透明度。每个考生不再怀疑阅卷人的失误而导致自己的分数不准。

电脑监控

利用电脑监控是企业现代科学管理的重要方法之一。许多超市商场、工厂车间、银行储蓄所等单位，用电脑进行 24 小时监控。

那么电脑怎样监控呢？

电脑监控实际上就是安放在房间中能够窥察整个房屋的电子摄像机，把监控的所有情况输送到电脑。管理人员可以根据电脑记录进行观察、分析，并对生产和工作进行指挥和指导。

超市的电脑监控，既可观察工作人员的工作情况，又可以防止失窃。

近年来，许多城市的超市商场，通过电脑监控，抓获小偷。小偷从自选商场把货物藏在身上，岂不知空中的电脑立即就会发现，所以小偷只要走到商场门口，便立即被保安人员抓获。

银行和储蓄所采用电脑监控，可以观察工作人员的工作是否到位。在特殊情况下，诸如遇到抢劫或者不正常的取款，便可以通过电脑监控的存储材料，进行全面分析，使盗贼难逃法网。

有这样一个例子，在纽约国标机场检票口，当一名西装革履的青年戴着墨镜，风度翩翩地走到关卡，电脑突然响起了"嘟嘟……"的警铃声。保安人员把他"请"到了办公室，剥掉他的伪装——墨镜和胡子，让他观看电脑屏幕。这位青年万万没有想到，他的整个做案过程，全部被映示出来。因此，这个青年只得低头认罪。

原来，这个罪犯抢劫的凶恶嘴脸早被隐藏在银行内的电脑监控的摄像机（图149）拍摄下来，然后对电脑图像中罪犯的脸部进行二维像素矩阵模式处理。接着按矩阵代数法对其进行运算，由此测算出罪犯的眼睛、鼻子、嘴唇、耳朵和脸部肌肉的重要特征向量，并制成特征识别模板，存储在电

图 149

脑中。这样，每位旅客的容貌经过摄像机，输送到通缉犯的特征识别模板进行配对比较。尽管罪犯进行了伪装，还是逃脱不出电脑的识别。

北京曾经有一位制造假信件的骗子，通过造评选全国优秀人才的假信件骗取钱财。最后，正是根据他到银行取款时银行电脑监控留下的影像，被公安机关捉获。

电脑监控运用的范围很广，在各个地方大显神通。

电脑治病

人们在日常生活中，生病是不可避免的，有病就要去看医生。但是，有些病不像皮肤长了一个疖子那么明显，而是潜在的病痛。因此，医生看病要颇费一番脑筋。

由于医务人员（图150）水平不一样，诊病效果就会不一样。就是同一水平，由于临床经验不同，诊病也会有差异。因此，人们总想找个好大夫看病。但是，全国闻名的大夫、专家能有多少？于是，人们便想到了电脑。

如果把某一专家对某种疾病的医疗方案编制一套系统，便可以使一位

图 150

专家变成多个专家，那么即使乡镇也可以有"名医"坐诊了，岂不是好事？

北京名医关幼波对肝病治疗很拿手，于是便研制了幼波肝病治疗专家系统，结果效果很好。河南省"移植"了一套系统，这样河南就多了一名关幼波肝病治疗"名医"。那么，像这类的病，就可以就近请"专家"就诊了。这便是电脑医生。

那么，电脑医生有什么好处呢？

电脑"名医"，不仅不知疲倦，而且也不受环境的影响。

医生治病，特别是名医，每天都要看许多病人，所以，就难免疲劳，这样诊病就容易出现精力不足的现象，势必要影响医病效果。

一位名医，往往会因为环境影响自己的情绪。例如，医生诊病前家里发生了不愉快的事情，诸如夫妻吵架、子女不听话等等，都会使医生情绪不佳，影响诊病效果。另外，名医也免不了有一天要离开人间，这时便会连同自己的医疗技术一起带进坟墓。

如果把他的诊病系统用电脑存储下来，便是人类的一笔宝贵财富。

北京的"关幼波肝病诊断系统"就是不怕疲劳、不受情绪影响的电脑医生。它把名医关幼波的诊疗程序、临床经验、思维方法、推理原则等，根据患者的不同病症，在二百多种病症与化验指标和一百七十多种药的基础上，让电脑从中选择合理的处方对症下药。

这种电脑能够填写病历卡（图151）、计算药价、填写病历表等等。如果将病人的诊断数据输入电脑，在

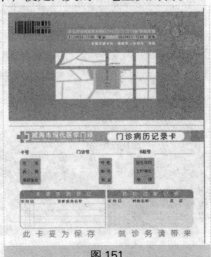

图 151

神奇的电子世界

15 秒钟之内，就可以开出处方。

20 世纪 90 年代，电脑医生进入了日本家庭，这给诊病来了方便。

有的电脑家庭医生与马桶相连，主人大小便成分的变化给电脑医生提供了依据，可及时诊断出主人是否患了心脏病、肝病和糖尿糖等。

电脑医生在世界上很受欢迎。相信，今后随着电脑的发展，电脑"名医"会进入百姓家中，为病人解除病痛。

电脑救人

现在的电脑网络（图 152）十分诱人，只要一上网，便可以了解世界各地的信息，同时也方便了自己的生活。

你可知道互联网络救人的事迹？

事情发生在 1997 年 4 月 26 日。美国得克萨斯州东部城镇，一名 12 岁的男孩迈克尔·雷顿，正在家中兴致勃勃地玩电脑。当他进入互联网络时，突然发现了一种呼救信号。求救者是芬兰一所大学的女大学生，今年 20 岁，名字叫莱蒂娜。电脑屏幕接着显示出："现在时间已经很晚了，我的哮喘病突然发作，不能动弹，请赶快救救我！"

小雷顿立刻悟到：她可能一个人在电脑房间工作，夜深人静，自己发病，

图 152

又动弹不得，附近找不到救助的人，只得救助于互联网络。

雷顿赶紧把事情的发生，告诉了在另一房间中的妈妈。妈妈和儿子一起拨通了美国得克萨斯州警察局的电话，把事情告诉了警察局，请他们设法救助这位危难者。

警察得到了消息以后，立即与芬兰医疗急救中心进行了联系。

警察局与芬兰医疗中心联系时，雷顿和他的母亲始终守在电脑旁边，进行认真观察，并通过电脑了解远在芬兰求救者的个体方位、道路标记和房间号码等等，把这些信息及时告诉警方。警察再把这些信息传到芬兰医疗中心，便于查找。

此时小雷顿通过互联网，鼓励大姐姐坚强起来，只要坚持住，就会有生命的曙光。

芬兰医疗中心根据迈克尔·雷顿和她母亲提供的信息，很快找到了莱蒂娜的家，及时抢救了这位危难者。

图 153

事后，芬兰报界和美国务大媒体都进行了全面报道，高度赞扬了迈克尔·雷顿和她母亲的救人善举。

这件事，使人们进一步认识到电脑上网的好处。这也是电脑互联网（图153）络救助危难者的一曲凯歌。

电脑撞开工业之门

没有工人的工厂

工人为工厂工作，工厂的部分价值要维持工人的生活，剩余价值扩大再生产，并上缴利税，这便是工厂利润的一般分配方法。

现在，有些工人下岗，一部分是因为企业在竞争中不景气，利润维持不了开销，所以，工人才不得不下岗。

你可知道，还有的工厂，（图154）经过改进，全部自动化，过去要几千人，现在只要几十人，甚至几个人。那么余下的人就只好自谋出路了。

图 154

日本富士通纳克公司，坐落在富士山脚下，工厂生产很红火，但是没有噪音。这座机械厂生产数控机床、电火花切割机床和机械手。走进工厂人们看到的是，机械手在进行装配，自动搬运车按照各自的路线往返穿梭地搬运原料和零件，运行有头有序，互不干扰。在生产线上，许多计算机控制的机器人，能快速而准确地完成各种各样操作，而且不知疲劳，也不会大意和马虎。

那么，这样的工厂怎样进行自动化生产呢？

在计算机的应用中，有一个领域叫做计算机控制，它主要研究工业生产怎样应用计算机来控制各种生产设备，使自动化程度提高，能够全面自动化生产。

计算机自动化控制系统，一般分为三个部分。

一部分是自动检测，或者叫做数据传感。例如，计算机要控制机床，在机床加工零件时，它不断检查需要的零件形状、尺寸，看看是否达到标准要求。

第二部分是数据处理。计算机将检测的数据进行分析，通过这些数据，来了解零件处于什么状态，然后决定怎样操作。

图 155

第三部分是控制操作，就是计算机的控制线。它和机器上的各种开关相连，使计算机能根据不同情况，对机器的操作进行控制。

富士通纳克公司的这座自动化工厂（图155），每月生产数控机床100台，电火花机床100台，各种机械手50台，年产值达到 180 亿日元。

这座工厂除了一千多名设计、营销和负责技术监督和设备维修的技术人员外就没有别的工人，然而完成的任务却比其他工厂还好。

你瞧，如果工人没有高的素质，根本操作不了，而且将来的工厂用人会越来越少，多余的工人怎么办？

电子出版系统

蔡伦发明了造纸术，毕昇发明了活字印刷。纸的发明，送走了竹简和丝帛记事的时代；活字印刷，改变了雕版印刷的落后局面。这是中国古代对世界的重大贡献。

胶泥活字以后出现了铅字，使出版业大大进步；出现了机器印刷，使出版业迅速发展。

图 156

小平版机、轮转机以及现有用的胶印机（图 156）等，加速了出版业的发展。

现代出版工作包括出版、印刷、发行三个部分，每个部分也都运用了计算机，就是发行，不是也可以用互联网吗？

今天我们说的出版系统，是指报刊图书编辑部门的工作，主要包括组稿、审稿、编辑加工、出版设计和校对等各项工作。

那么电子出版系统是怎样工作呢？

电子出版系统由电子计算机、图像扫描仪和激光打印机（或精密照排机）等组成。

电子出版系统能够完成从文稿录入、编辑排版，直到在纸张或底片输出符合编辑意图和出版计划要求的版面。

那么，电子出版系统有什么优点呢？

电子出版系统能输出质量高，字体、字号、花边齐全、能满足各种要

第五章 电脑与网络应用

求的版面。

现在，用电子计算机处理版面，还可以直接印刷，实际上就是一种复印过程。

数字式印刷系统大大加快了印刷速度，有的印刷速度在 1 小时 2000 张以上，有的高达 1 小时 8000 张，能直接制版和打样。

你看，现代出版系统多么高级。

电脑织机

过去，我们穿一件毛衫，要用手工去织。一个熟练的织工制一件毛衫也要三五天的时间。

出现了手工织机以后，编织毛衫的速度快多了。但是，仍旧需要人工拖拉，不但笨重，而且编织的花样也比较单调，同时浪费了劳动力。

电子计算机的出现，在织机上发挥了应有的作用。

电脑控制的织机，速度很快，几十分钟甚至十几分钟就可以织出一件毛衫，而且可以编制任意的图形，并能放大或缩小。这种织机一旦要变换产品花样，只要改变存储信息，立即就可以完成。

不仅如此，电脑织机（图 157）还可以对生产情况进一步监督，如果发生断线或者不合规格，会立即提出修正。这种织机已广泛用于人造毛皮及毛衫提花等织物。

图 157

一些制衣厂采用电脑织机，不仅节约了劳动力，而且使织物更加合乎理想，使生产成本降低，提高了市场的竞争力。

令人眼花嘹乱的是，一台计算机可以控制一群（几台到几十台）针织机。每台织机可以编织出不同的织物。例如，有的可以编织袜子，有的可以织帽子，还有的可以编织内衣等等。

缝纫机（图 158）曾经是制衣厂的主要机器，也是家庭妇女的理想帮手。

图 158

但是，过去要人工用脚去蹬使其转动。使用机器以后，可以少消耗体力，转速均匀，大大提高了效率。但是，花样品种仍旧需要人控制。

电脑缝纫机问世以后，储存着多种图案和花样，只要触按你所需要的花样键盘，缝纫机就会按要求自动缝制顾客满意的衣服式样，而且，图案可以放大或缩小，还可以相互组合。使用时，只要根据需要，输入缝制方式或花样序号，便可以按人的意愿出成品。

电脑织机不仅在工厂广泛使用，也可以在家庭使用。如果你拥有一台电脑织机，不仅随时为自己缝织一件合体的衣服，而且还可以对外加工，赚得惠利。

电脑的确为人们开辟了生财之道。

飞机制造

如果说工厂完全采用计算机和机器人操作，而不用人工，恐怕在短时间内还很难完成，只是说使用人工少而已。

工业发达的国家，运用电脑使制造自动化程度大大提高，可以节省劳动力，减少废品，提高质量，降低成本，在市场竞争中占有很大的优势。

现在，从飞机制造自动化以及其他一些自动化工厂看，其路线基本是：数控机床→自动装置→计算机辅助设计→计算机辅助制造→计算机辅助管理→计算机集成制造系统。就是说，计算机在飞机制造过程中，也是一种辅助措施。

这其中，计算机辅助设计（简称CAD）就是用计算机帮助设计人员进行产品和工程项目的设计工作。

第一代 CAD（图 159）主要是计算机辅助制图。

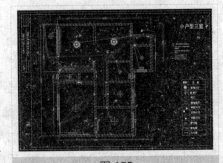

图 159

神奇的电子世界

第二代 CAD 系统的开发主要是辅助绘制二维和三维图形。这就需要建立多个工程数据库来存储线框、曲面、实体建模、有限无分析模型和数控编程软件。工程师可以利用数控编程软件，把高精度的复杂零件在数控机床上加工出来。

美国的飞机制造业很早就采用 CAD 系统。因为存数据和绘图软件的辅助，设计师几笔就可以把飞机图形展现出来。

如果发现有什么地方不妥，例如飞机起落架（图 160）与机身之间连

图 160

接不很吻合，便可以再按几个键盘，在屏幕上移动光笔，作一下修改。如果合适了，便存储起来。

计算机辅助制造（简称 CAM），是把 CAD 系统的成果转换成加工机械可以接受的控制指令和数据，把产品制造出来。

CAM 系统的主要作用，就是设计数据的转换、计算机控制数控机床、计算机辅助制造过程计划、加工时间安排、工具设计与生产流程、模具的自动制造、材料的自动处理，以及自动装配和对机器的管理等等。

20 世纪 80 年代中期，人们又开始把 CAD、CAM 等系统连成一种自动

化系统，叫做计算机集成制造系统，简称 CIMS。它包括管理决策、计算机辅助设计和计算机辅助制造三个部分。它是飞机制造过程最优化的产品大系统，收效很好。

美国的波音公司过去设计新飞机往往要三至五年的时间，采用 CIMS 这种综合性高技术，只需要几个月，甚至几个星期，就可以设计并制造出一架新型飞机。

汽车制造

汽车诞生以来，使陆上交通工具有了很大的改观，也使人们的生活步入一个新的时代。

世界上第一辆以蒸汽机为动力的木制三轮车是法国的丘约制造的。世界上第一辆内燃机汽车，是英国人勃朗制成的，它有两个汽缸。

直到 1886 年，德国人奔驰才制造出第一辆实用汽车，它是以汽油机为动力的汽车。所以，德国人自豪地说："这才是第一辆汽车！"现在版德国的高级轿车，也是世界有名的高级轿车"奔驰"。

20 世纪 80 年代，计算机被广泛应用。发达国家推出了"三A"革命，即"工厂自动化"、"办公自动化"、"家庭自动化"。汽车制造业也率先自动化了。

所谓"工厂自动化"，就是指从一条生产线的自动化到设计、生产和管理过程的全面自动化。

工厂自动化的高级阶段就是无人工厂，即工厂从设计到生产全部自动化。这种自动化就是用计算机或机器人控制生产。

20 世纪 50 年代初，人们就开始探索和使用自动化生产流水线，到 20 世纪 70 年代以后，逐渐使用计算机来控制数控机床。（图 161）而后，随着计算机的发展，工厂自动化程度更加提高了。

CAD（计算机辅助设计）和 CAM（计算机的辅助制造）在工厂的应用以及 20 世纪 80 年代合成的 CMS（计

图 161

图 162

算机集成制造系统），使工厂高度综合自动化。发达国家汽车制造业（图162）的生产过程，基本上全面实现了自动化。

当你走进汽车制造厂，可以看到在汽车装配线上，焊接机器人在准确地焊接汽车上的各种零部件。监控机器人在检查和纠正生产线上整车或零部件的安放位置。

当机器人发现差错时，会通知管理工程师，甚至能指出毛病的所在。

有的汽车制造厂，用机器人控制整个装配线。

机器人会记录生产过程中仓库库存零部件的使用情况，在零部件接近用完时，会通知管理人员，甚至可以通过计算机系统把信息通知供货单位。

如果在装配线尽头上放一个机器人，它会监控整车生产的情况并把信息及时通知管理人员或销售人员，或者把信息传给世界各地零销商。

工厂还可以根据零售商的需要，把汽车的类型告诉机器人领班，领班去启动装配线上的不同机器人，按时生产合格的汽车，并交付零售商。

你看，像这样的工厂没有高素质的管理人员行吗？

高炉上料

铁的使用使人类生活发生了翻天覆地的变化。用铁制的工具锋利，不仅可以消灭敌人，捍卫自我，而且使生产力大大提高，用铁制的犁、铲、镐等工具，改造自然，开发农业，比石器和铜器要进步多了。

我国的冶铁技术始于春秋初年，铁的柔性好，又锋利，这使春秋战国农业生产的发展和战国七雄争军队的战斗力，大大加强。

图163

冶铁（图163）需要铁矿石。我国的铁的蕴藏量比较丰富，有赤铁矿、褐铁矿、磁铁矿和菱铁矿等等。

工业上用的铁是将铁矿和焦炭置于高炉中冶炼而成的。根据铁中含碳量的不同，可分为生铁（含碳2%以上）、工业纯铁（含碳一般在0.4%以下）。

含碳量在0.4%～2%之间的叫做"钢"。

现代冶炼，一般使用焦炭为燃料。焦炭是煤经过干馏所得的固体燃料。

但是，由于入炉原料称量不准和焦炭含水量不稳定，因而影响了铁的产量和质量，同时浪费了大量焦炭。

计算机的发展使冶炼业插上了腾飞的翅膀。

人们采用电脑监控，就会实现配料称量误差的自动补偿。当计算机发现供料称量不足就可以自动补给。

焦炭的水分更是人力难以控制的。如果使用计算机监控，就可以测出焦炭水分的多少，如果不足，也可以自动补偿。这样，就会提高高炉上料效率，提高冶铁的数量和质量，同时减轻了炼铁工人的体力。

不仅如此，计算机还能在热轧车间（图164）大显身手。

根据客户订单的要求，在原料仓

图164

库中取出一块尺寸合适的钢坯，送入加热炉加热。计算机可以算出轧制道数，每次压下量和轧制速度，从而控制热轧机轧出符合客户需要的成品，既不浪费，也使客户称心。

近年来，计算机在冶炼方面越来越显示出它的作用。一些先进的工厂，从配料、冶炼、产品加工等，都使用了计算机。有些工厂使用计算机管理和指导生产。例如从原料配备、控制炉温和冶炼质量等等。还有的使用机器人搬运，大大减轻了冶炼工人的劳动量。

计算机"探伤"

医生可以通过观察，或者使用仪器透视、拍照等方法，测出病人的伤势情况和部位，采取有效措施，及时治疗，免去病人的痛苦。

你可知道，各种金属材料的焊接与加工，如果有了"伤"，可以用电脑检测吗？

有些金属材料的焊接工艺，诸如飞机、轮船和汽车体的焊接以及输油管道和其他一些机件的焊接，也是马虎不得的。如果出了差错，造成的损失是不可估量的。

且不说飞机、汽车、轮船，就是输油管道这样简单的工艺和工件，一旦焊接不好，发生漏油，（图165）也将造成很大的损失。

但是，这些"伤"用肉眼往往是查不出来的。

计算机的发展和广泛应用给焊接工艺带来了很大的惠利。采用电脑"探伤"可就比人工检测高明多了。

这项技术在国外很早就被采用，并取得了理想的效果。我国在这方面的研究成果也很显著。

图165

我国研制的工业纹理识别系统会使这类检测自动完成。该系统含有光测力学图像分析软件及金相图像分析软件。在电脑的控制下，石油钢管焊缝及压力的质量可以自动判定。

轴承（图166）是许多机器的重要部件，如果轴承表面质量不合格会影响机器的使用寿命，甚至会导致事故。所以对轴承的质量要求是很严格的。如果采用电脑控制和检测，就不容易出现不合格的产品，更不会让次品流向社会。

图166

有些工厂，诸如造船厂、汽车制造厂等，还采用机器人焊接，包括点焊、弧焊无所不能，而且质量很好。例如，汽车的驾驶室，主要采用点焊的方法，把各个分离板件焊成一个整体。人工点焊不仅劳动强度大，而且质量也不容易保证。

如果使用点焊机器人不仅能保证质量，也大大减轻了工人的劳动强度。它可以自动编程，可以调整空间定位，就是工厂要更换汽车的类型，也不用更换机器人。

由于机器人焊接的自动检测系统很完美，所以，也就不容易出现"伤痕"，也就不需要再"探伤"了。

"专家系统"探矿

李四光是我国乃至世界著名的地质专家。他根据我国东部地质构造特点，认为华夏构造体系的三个沉降地带具有广泛的找油远景。结果大庆、胜利、大港等油田相继出现，从而甩掉了我国"贫油"的帽子。

这是科学家根据地质构造科学判断出来的。你可知道，要是把专家的这种理论、经验和推理、判断存储在电脑里，那么电脑就会像专家一样，帮助人们找矿。这在计算机设计中称为"专家系统"。

那么，什么是专家系统呢？

简单地说，就是一类智能系统，即应用人工智能技术，根据一个或几个专家提供的特殊领域的知识、经验，进行推理和判断，模似人类专家做决定的过程，来解决那些需要专家才能解决的复杂问题。也就是说，让计算机充当"专家"，即让计算机在各个领域中起人类专家的作用。

第五章　电脑与网络应用

"专家系统"的研究经过了一个过程。

最初，人们只是想用几条以通用推理规则，加上计算机的计算能力，让计算机求解问题，然而行不通。

于是，研究人员又发现，专家在解决问题时，除了动用一些通用的推理规则和一般的逻辑思维之外，更重要的是会灵活运用专家各自领域的知识，从而引发科学家的奇想：教会计算机掌握和运用某种专业知识，来解决某种专门问题。

于是，人工智能（图167）研究人员开始着手模仿专家解决问题的思路，

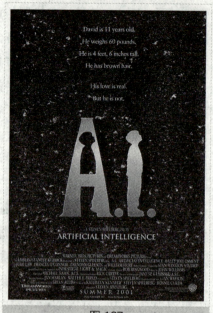

图 167

而且仅适用于某一专门领域解题程序系统，例如医学领域中的糖尿病。

那么，专家系统怎样探矿呢？

如果这个"专家系统"是石油勘探（图168）智能系统，那么"专家系统"就会对被勘探的地区的地质构造、生成油气的可能性进行分析，如果认为有油，还要进一步论证有没有开采价值，如果有开采价值，人们就可以根据"专家系统"的指令，开钻探油。

那么，"专家系统"灵验吗？

1982 年，美国一个"专家系统"在美国华盛顿州发现了一处矿藏，"专家系统"认为这里的矿藏价值为几百万元到一亿美元。而勘探工程师却认为，这个地方没有矿藏，结果经过开采，果然有矿，这与"专家系统"分析的完全吻合。

你看，"专家系统"为美国人立了一大功。

图 168

电视机制造

电视机现在已经成为家庭不可缺少娱乐工具。

电视机的发展经过了黑白和彩色两个阶段。

20 世纪前期，电视机问世。到 20 世纪 50 年代，电视机风靡欧美，数量猛增。

最初，电视机屏幕最大不过 12 时。因为是人工吹制，不可能再大。后来采用焊接技术，电视机屏幕才逐渐扩大。

彩色电视机问世以来，因为它具有色彩，所以更受人们青睐。

近年来，科学家又研制出了三维电视，也就是立体电视。立体电视影像更加逼真，具有立体感。日本、美国、澳大利亚等国，都制造出了不用戴眼镜观看的三维电视。（图 169）它将走进 21 世纪的普通百姓家。

电视机的制作，最初是靠人工，制造起来很麻烦。随着计算机的发展和应用，电视制造业基本上采用电脑控制了。我们经常在电视上可以看到，电子计算机控制的电视集成电路的制造非常迅速，而且准确无误，令人眼花缭乱。

目前，在集成电路制造业和电视机制造业等领域，大部分人工劳动

图 169

已被装配机器人、焊接机器人和计算机控制的自动检测设备所取代。计算机装配非常迅速，而且保证质量。一台机器就能在印刷线路板上以每小时72000件的速度组装配件，相当于240名工人一小时的工作量。整个装配线只需要11名工人，就可以操纵整个组装系统了。

这样，不仅节省了大量劳动力，还减少了废品，提高了质量，降低了维修保养费用。因此，也使电视机的价格越来越低。

相信，在计算机控制生产下的电视机，质量会更好，会给人们送来更为清晰的电视信息。

Part 6
电脑趣闻

　　生活中每个问题的背后都隐藏着真理和智慧，隐藏着让我们的生活更加美好的真谛。电脑也是如此，然而在我们平常使用的电脑又隐藏着太多容易被人们忽略的东西，电脑制作的电影、电脑使母子相认的功能、黑客的手段等等；这些知识我们都需要了解，因为它里面蕴藏着很多有趣的、有价值的知识

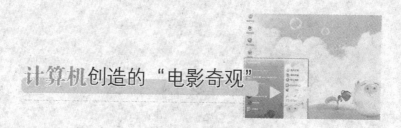

神奇的电子世界

计算机创造的"电影奇观"

电子计算机的迅速发展，创造了 20 世纪慑入心魄的电影奇观。

1977 年，当人们第一次看到电影《星球大战》（图 170) 惊心动魄的场面时，真是激动不已，难以忘怀。

图 170

其实，产生这一强烈的艺术效果，除首次应用了道尔贝立体声响效果外，最主要的还是要归功于成功地运用了计算机进行特技创作。为此，该片获得了当年的奥斯卡电影技术成就奖。

从此，在电影制作上，拉开了运用计算机来帮忙的帷幕。

第
六
章
电
脑
趣
闻

几经努力，计算机在电影制作上大显身手，其运用几乎达到了"炉火纯青"的地步，取得了可喜的成就。

例如，1993 年拍摄的《侏罗纪公园》影片中，用计算机制作的恐龙的特技画面就足有 6 分钟；1995 年拍摄的《鬼马小精灵》影片中，用计算机制作的画面就有 40 分钟。

在《侏罗纪公园》影片开始时，人们看到许多恐龙正悠闲自得地徜徉在清澈的湖水中。

这些镜头里的恐龙，都是由计算机制作出来的电脑图像，而背景却是一张静止不动的照片，为了使湖水有波动效果，制作人员用电影摄影机拍了湖水波动的活动画面合成在照片上。

影片中，在返回参观中心的途中，人们又遇到了恐龙，他们赶快逃到大树后面躲避起来，清楚地看到大大小小的恐龙在如茵的草地上奔跑着。

这里，也是采用了在外景地拍摄，用计算机制作出恐龙模型，再用计算机合成的方法。

图 171

《侏罗纪公园》（图 171）影片中使用计算机技术处理加工的片段是影片中最令人激动的场面，采用传统的特技是很难取得如此效果的。

是啊，人们正是借助于计算机技术，使 1 亿 4 千万年以前的恐龙复活了，构成了一个生动有趣童话般的电影奇观。

美国电影《阿甘正传》有这样一个场面：剧中人物阿甘与肯尼迪总统握手。为了拍好这个场面，绘画师用计算机的变形软件程序来进行特别处理，从而使人们看到其实不存在但画面确实令人信服的握手镜头。

再如，1998 年在我国各大中城市放映的进口影片《泰坦尼克号》，（图 172）它以豪华游轮泰坦尼克号在首航

图 172

神奇的电子世界

途中与冰山相撞沉没为线索，展示了人世间的真、善、美。影片中许多豪华、宏大的场面也是计算机大显身手的妙作，产生了强烈的艺术震慑力。

因此，人们这样赞誉计算机：它是影视界冉冉升起的一颗"超级巨星"！

道高一尺，魔高一丈

1984 年 2 月 13 日，美国《时代》周刊报道了一个惊人的消息：美国数学家使用电子计算机，只用了 32 小时，分解了一个 69 位的大数，创造了世界纪录！

事情是这样的：

1982 年秋天，桑迪亚国立实验室应用数学部主任辛摩斯，与克雷计算机公司的一位工程师一起聊天。辛摩斯提到一个大数的因数分解全要靠尝试，实在困难。工程师说，克雷计算机公司研制出一种计算机，它能同时抽样整串的数字。这种计算机或许适用于因数分解，两人答应合作。他们在这种计算机上成功地分解了 58 位、60 位、63 位，最后解决了一个 69 位数的分解因数。这个 69 位大数全部写出来是：13268610439897205317760857556095614293539359890335258028914694459697。这个大数被分解成了 3 个因数。

1990 年，美国数学家波拉德和兰斯发现一种大数的因数分解方法，经过世界上几百名研究人员和 1000 台电子计算机 3 个月的工作，将一个 155 位长的大数分解成 3 个因数，这 3 个因数分别是 7 位、49 位和 99 位。这个数是世界数学家认为"最需要研究的" 10 个数中最大的一个，它的因数分解在过去被认为是几乎不可能做到的。这个惊人的发现，不仅在数学界引起强烈反响，对美国的保密体系也提出了严重的挑战，在密码专家和安全保密专家中引起了极大的震动，因为，这意味着许多美国银行、（图

图 173

173）公司、政府和军事部门的保密体系必须改变编码系统，才能防止泄密。

真是"道高一尺，魔高一丈"。1971 年数学家还只掌握 40 位数的因数分解方法；1980 年只能进行 50 位数的分解；1988 年，解决了 100 位数的因数分解；1990 年，解决了一个特殊的 155 位数的因数分解，数学家相信，只要对这种分解方法加以改进，其他 150 位数的因数分解也同样可做得到。随着数学方法的不断改进，电子计算机运算速度的不断提高，目前美国绝大多数保密体系，已使用 150 位以上的大数来编制密码。

电脑上的"菜田"

最近，日本东京的一家网络电脑服务公司独出心裁，推出了一项前所未有的网络服务项目：网络用户只需支付 1500 日元的登记费和同样数额的"种苗费"，就可在"电子农园"（图 174）中拥有一片"菜田"。

图 174

这样，你可在 3 个月内通过你的终端在"菜田"里种上所喜欢的西红柿、茄子、辣椒等无公害蔬菜。

已加入"种菜"行列的电脑用户，每星期在自己的电脑屏幕上察看一下蔬菜的生长状况，画面上会自动出现诸如"浇水"、"除虫"等选择项目，提醒你在电脑上"劳作"。只要你能作出选择，电脑就会自动为你代劳，网上的各种蔬菜就会继续生长。

虽然这只不过是不脏手的种菜电子游戏，但与游戏不同的是，到了蔬菜的收获期，你真的还会收到送上门来的一份新鲜蔬菜呢！

即使是门外汉，幸运的话，一次也能收获 10 个或更多的西红柿、茄子。

当然，收获的多少主要看你"勤快"与否，如果能勤于"浇水"、"施肥"、"除虫"、"除草"的话，就会收获到许多新鲜蔬菜；否则，菜苗将枯萎，将一无所获。

从经济角度来看，用户参加这一游戏的钱足以买更多的无公害蔬菜，但其性质却大不一样，通过网上种菜，不仅可了解蔬菜知识，而且可以享受种菜的乐趣。

作为后援单位的农家菜园，也有利可图：一方面宣传推广了无公害蔬菜，一方面为他们的蔬菜直销打开了销路。

电脑"种菜"，各有所得。

此时此刻，你是否也想过一次电脑上"种菜"的瘾呢？

母子相认

有色冶金公司的董事长斯米顿，是一个事业上很成功的企业家。但是，他有一件心事总使他放心不下，闷闷不乐。原来斯米顿在 3 岁时被拐卖，现在他的养父已经死了，他非常想找到自己的亲生母亲。可是他连自己母亲的名字都说不清，只记得母亲曾叫他"乔西"。

斯米顿的律师亨利帮他出了个主意，何不登报寻人？不久，一则寻找乔西亲生母亲的启事，在几家报纸上刊登。一位叫艾娜的白发苍苍的老妇人，来认自己的儿子；又有一位叫唐娜的哭哭啼啼的老太太，拿着一张乔

神奇的电子世界

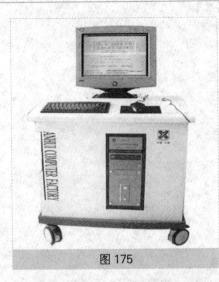

图 175

西小时候的照片，来找亲生儿子。

律师亨利面对董事长的两个"母亲"，一时没了主意，他去找警长柯恩，柯恩说这事很好解决，他拿过乔西小时候的照片，走近一台电子计算机，敲了几下键盘，很快从电子计算机（图175）的另一端输出一张大照片。亨利拿过来一看，是一个40多岁的陌生中年男子。

警长问："这是你的董事长吗？"

律师摇摇头，十分肯定地说："不，不，这不是我们的董事长。警长，你怎么得到这张照片的？"

警长解释说："这是一台电子计算机画像装置，它可以根据一个人过去的样子，通过计算机模拟，画出现在的样子。刚才我把唐娜带来的照片输入到计算机中，然后输入让照片上的人变老40年的指令，得了这张照片。由此可以肯定，唐娜不是你们董事长的妈妈。"

律师问："怎样判定艾娜是不是董事长的母亲呢？"

"这也好办。"警长说，"你去拿一张你们董事长现在的照片，我放进计算机中，可以绘制出他40年前的照片。你再让董事长根据回忆，把他母亲脸部特征写下来，比如眼睛是什么样子，鼻子、嘴有什么特征，把这些特征输送电子计算机，可以组合出一张他母亲的照片，有了这两张照片，问题就好办多了！"

"你说得对！"律师很快把这两件事办完。

警长先将董事长斯米顿提供的特征输入计算机，计算机绘制出一张女人的照片，她与艾娜十分相像。他又将斯米顿的照片输入计算机，计算机绘出一张3岁小男孩照片，交给艾娜辨认。艾娜很快就认出这是40多年前自己丢失的孩子，母子终于相聚了。